水の惑星「地球」

46億年の大循環から地球をみる

片山郁夫　著

ブルーバックス

装幀／五十嵐 徹（芦澤泰偉事務所）
本文・目次デザイン／天野広和（ダイアートプランニング）
本文イラスト・図版／片山郁夫、柳澤秀紀

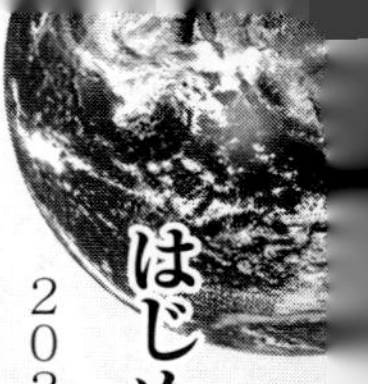

はじめに

２０２３年11月から12月にかけて、私はグアム島から５００㎞ほど南西の太平洋上にいました。周りには陸地が一切見えず、あたり一面遮るものは何もなく海が広がっています。航海のはじめの数日は、生活の場であった陸地から離れたせいか、とても心細い心境でした。しかし、よく考えてみると、私たち生命は海のおかげで今日に至るわけで、海に感謝こそすれ不安を抱くなどおかしなことのような気もしてきました（といっても船酔いに悩まされ続けましたが……）。

地球の歴史をひもとくと、地球が誕生してから間もなく海が形成され、46億年という地球史のなかでは、ほぼずっと海が存在してきました。長期間にわたる海の存在のおかげで、地球では生命が誕生しただけでなく、進化を繰り返して現在の多種多様な生命圏へと発展しました。今日の私たちがあるのは、数十億年という途方もなく長いあいだ、絶え間なく海があったおかげといっても過言ではありません。

場面は２０２３年の太平洋上に戻ります。私がなぜこんなところにいるかというと、世界でもっとも水深の深いマリアナ海溝の調査に同行しているからです。研究航海の主席研究員は、海上保安庁の小原泰彦さんで、海底調査のプロフェッショナルです。私たちメンバーは、全長１００ｍもある調査船「白鳳丸」に乗って、マリアナ海溝周辺の海底調査や試料の採取を行っています。狙っているのは、海洋プレートを構成する岩石で、そこにどれくらいの水や二酸化炭素が含まれているかを調べる予定です。

マリアナ海溝で水深が深いのは、地球上で最も古い太平洋プレートが地球のなかへ沈み込んでいる場所だからです。プレートは古くなると冷たくなり、密度が大きくなることで、水深が深くなります。そのような冷たいプレートは割れやすく、割れ目から海水がプレートのなかに浸み込んでいると考えられています。海水がプレートにどんどん吸われると、海がなくなってしまうと心配されるかもしれませんが、すぐにそのようなことは起こりません。

プレートに取り込まれた水の多くは、海溝からプレートが沈み込んでいくなかで吐き出され、マグマに取り込まれ火山活動によって地表へと再び戻ってくるのです。この地球内部での水のサイクルが成り立つことで、海水の量は地球史を通じてほぼ一定であったと考えられています。しかし、どうもこの地球内部での水循環のバランスが、現在の地球ではくずれてしまったようなのです。

マリアナ海溝のような冷たいプレートが沈み込む場所では、プレートに取り込まれる海水の量が顕著に多くなっていることが、最新の海底物理探査から分かってきました。地球は、その形成初期に蓄えられたエネルギーを消費することで、少しずつ冷たくなってきています。そうすると、プレートは割れて多くの海水がプレートに浸み込み、地球内部に運び去られる水量が増えているようなのです。現在は、地球内部での水循環のサイクルがくずれ、海水が地球内部へと一方的に吸収されているのです。私たちの試算では、約6億年後に海がすべて消滅してしまうという予測も得られています。その仮説を検証するために、マリアナ海溝で採取される岩石を分析する予定です。

惑星の一生という意味では、これまでずっと海があり続けたのが不思議なくらいです。地球のとなりにある火星では、過去にあったとされる海は消えてなくなり、現在は乾燥した大地が広がっています。そのため、火星の地表に生命は見当たりません。将来的に地球から海がなくなってしまったら、生命はそこで途絶え、地球はハビタブルな惑星ではなくなるのでしょう。それがいつ来るのか、近い未来というわけではありませんが、そのような時代はいずれ必ず訪れます。それまでにどれくらいの猶予があるのか、私たちにできることはあるのか、地球で起きているシステムを知ることがその手がかりとなります。

地球はよく奇跡の星といわれますが、それはほんとうに奇跡なのでしょうか？　私たち地球惑星科学を専門とする研究者は、地球が今あるのは奇跡ではなく必然だと考えています。地球がたどってきた進化のプロセスを一つずつ解明することができれば、地球がどのようにして、こんなにも多くの生命が宿る惑星になったかが分かるはずです。といっても、地球で起きていることは複雑すぎて、そのプロセスを一つ一つ読み解くのはそう簡単ではありません。そこで本書では、地球のプロセスを、水との関わりに絞って整理してみました。私たち生命にとってかけがえのない水が、地球にとってもかけがえのない存在であることを分かっていただけると幸いです。

目次

第4章 地球内部での水の循環 121

第5章 地球内部へと吸収される海 159

第1章

原始の地球、海の誕生

今から約46億年前、原始の地球が誕生しました。その頃の地球には微惑星や隕石がたくさん降り注ぎ、その衝突のエネルギーによって、地表はドロドロのマグマに覆われていました。そこから冷えていく中で大気中の水蒸気が雨となって降りだし、地表には海が形成されました。そして、海が存在するおかげで大陸地殻が出現し、地球史を通じて大陸が増えていくことで、現在の地球の姿へとたどりつきました。本章では、どうやって地球が誕生し、現在の姿へと変貌を遂げたかについて、水との関わりに焦点をあてて紹介します。

1-1 地球の形成

太陽系の生い立ち

私たちを形づくるものや地球を構成する物質は、いずれももとをたどれば宇宙空間に漂う原子や素粒子にいきつきます。そこからどのように地球が誕生し、私たちの生命が宿る水惑星へと進化していったのでしょうか。まずは、太陽系の成り立ちから説明していきたいと思います。

宇宙空間に存在する物質はとても希薄ですが、その分布は均質ではなくて多少の偏りがあります。そして、物質がわずかに濃い領域に星間雲ができ、その中心に密度の高い核が形成されていきます。原始太陽の誕生です。原始太陽のまわりには、中心に取り込まれなかったガスやチリからなる物質が、太陽の重力に捉えられ円盤状に集まります（図1－1）。ガスは水素やヘリウム、チリは金属や岩石、氷などの微小な粒からなります。

原始太陽系円盤のなかでは、ガスやチリが吸着と合体を繰り返し、直径10㎞ほどの小さな天体が大量に形成されます。これを微惑星といいます。さらに、微惑星どうしが衝突することで、合体したり壊れたりしながら次第に成長し

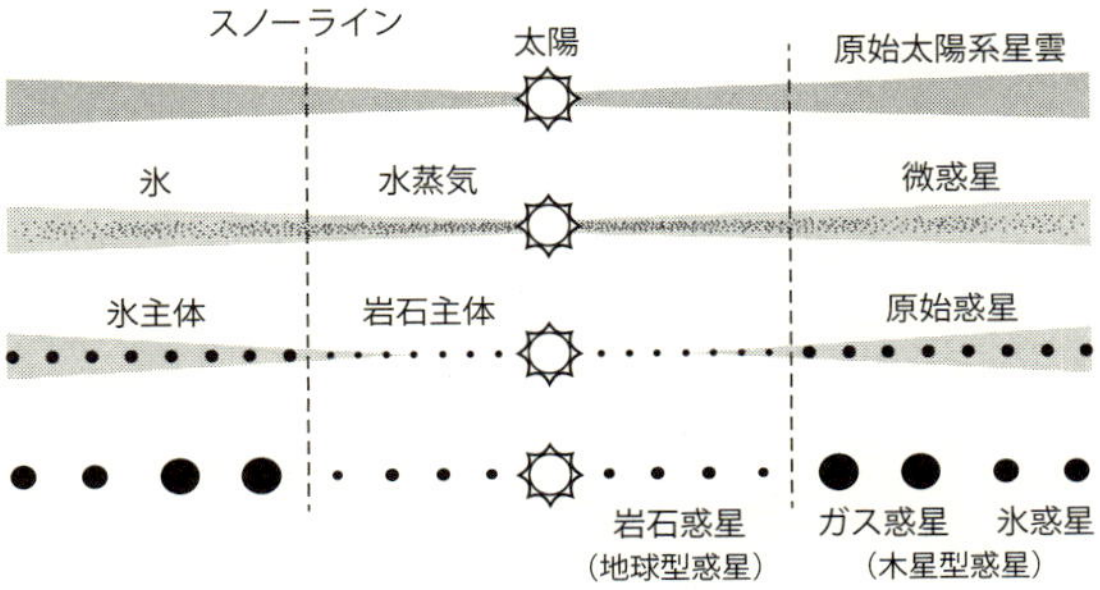

図1-1　太陽系のできかた

物質の衝突合体により惑星が形成されていったとのモデル。京都モデルとも呼ばれる

ていき、原始惑星がつくられます。原始惑星は直径１０００㎞ほどまで成長します。比較的小さな原始惑星に大気はありませんが、その惑星内部には水を多く含んでいるものもあります。

まだたくさんの原始惑星が存在する時代では、お互いの重力で軌道が乱されるなどして、さらなる衝突と合体を繰り返します。地球にも、原始惑星が幾度となく衝突しています。月は、火星サイズの原始惑星が地球に衝突した際に生じた破片が集まってできたとの考えが有力で、ジャイアントインパクト説といわれるのをご存知の方も多いと思います。

そして太陽系では、太陽に近い領域で４つの地球型惑星（水星、金星、地球、火星）が、遠い領域で４つの木星型惑星（木星、土星、天王星、海王星）ができました。地球型惑星はいずれも岩石からなり、サイズが比較的小さいのが特徴です。一方、木星型惑星は大きく、その重力によってまわりのガスをたくさん取り込みました。とくに、木星と土星は早い段階で成長したため、周囲にあったガスを大量に取り込み巨大ガス惑星となりました。天王星と海王星はやや成長が遅かったため、多くのガスを取り込む前に原始太陽系円盤が消滅し、氷を主体とする巨大氷惑星となりました。

これらの惑星以外にも、火星と木星のあいだにある小惑星帯や、海王星の軌道より外側の太陽系外縁天体など、太陽系には多様な天体が存在します。なかには直径１０００㎞を超えるものもあり、２００６年に惑星から準惑星に格下げされた冥王星も含まれます。冥王星はその半分以上の大きさをもつ衛星をもつことから、「同じ軌道近くから他の天体を排除している」という惑星の条件を満たせなかったのです。

ここで紹介した太陽系での惑星形成シナリオは京都モデルとよばれ、1980年代に京都大学の林忠四郎が中心となって提案したモデルです。しかし、太陽系以外での系外惑星がみつかるにしたがって、中心星の近くを公転する巨大なガス惑星（ホットジュピター）の存在など、太陽系とは異なる多様な惑星系があることがわかってきました。

これら新たな観測事実を説明するために、京都モデルを超えた新たな惑星形成モデルの構築に多くの研究者が現在取り組んでいます。天動説から地動説に変わった時のように、太陽系がその典型でなくなった今、惑星形成のシナリオは大きな転換期を迎えています。

原始の地球はマグマに覆われていた

微惑星や原始惑星の衝突によって地球が形づくられていった頃、衝突のエネルギーによって地球表面はドロドロに溶けていました。そのような原始地球の状態をマグマオーシャンといいます（図1-2）。オーシャンといっても液体の水からなる海ではなく、岩石が溶けたマグマの海です。もちろん生命はまだ存在しません。

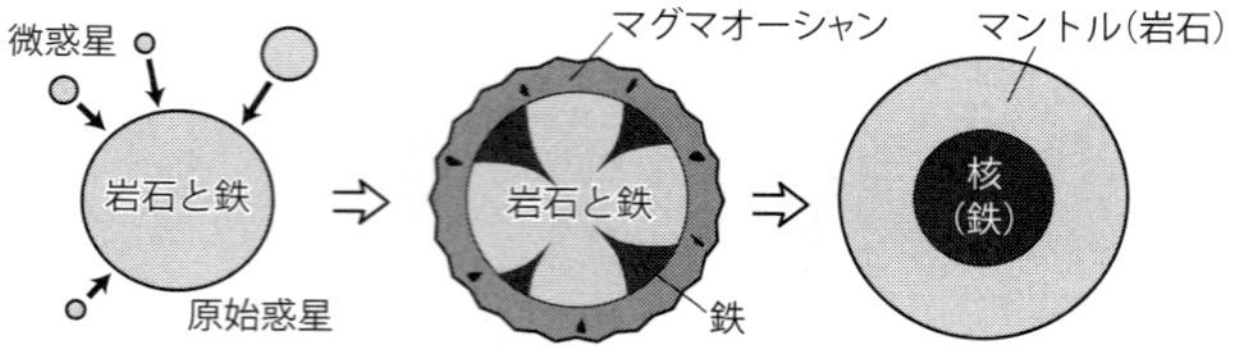

図 1-2　原始地球の進化

マグマオーシャンから鉄質の核と岩石質のマントルに分かれる

原始の地球では、水はマグマの中に溶け込んだり、高温高圧の水蒸気として大気に含まれていました。微惑星の衝突はその後も続きますが、その頻度は少なくなっていき、地球は少しずつ冷めて地表は固まっていきました。今から45億年ほど前のことです。

マグマオーシャンの中では、岩石が溶けることで密度の高い鉄が分離し、中心へと集まり核を形成しました。なかには核をすでにもつ大きな天体の衝突もあり、地球内部は掻き乱されつつ中心の金属核と岩石質のマントルに分かれました。金星や火星などの地球型惑星でも同じような内部構造がみられ、地球と同様にその形成初期にはマグマオーシャンに覆われ、核とマントルに分離していきました（図1－3）。マントルと核の体積比は、いずれの地球型惑星でも5対1ほどで、これらの惑星の材料はほとんど同じことになります。

地球の衛星である月にも、アポロ計画で持ち帰った岩石の分析から、マグマオーシャンの存在が強く示唆されています。万有引力の法則に従うと、物体が衝突する速度は、惑星の質量、すなわち大きさに依存することになります。小さな天体である月では、衝突時に十分なエネルギーを獲得できなかったと予想されますが、どうやってマグマオーシャンをつくったのでしょうか。ジャイアントインパクトが起きた頃、原始地球はまだ十分に冷え固まっておらず、表面にあったマグマが撒き散らされて月ができたとも考えられています。

ちなみに、1960~70年代のアポロ計画によって、12名の宇宙飛行士たちが月に降り立ちました。月の土を最初に踏んだニール・アームストロングは「これは一人の人間にとっては小さな一歩だが、人類にとっては偉大な飛躍である」との有名な言葉を残しています。宇宙飛行士のほとんどはアメリカ空軍のパイロットでしたが、月に降り立った唯一の科学者であるハリソン・シュミットは、地質学者です。月には地球と同じような岩石があり、月面で調査するには岩石を見分けたり地質構造を調べたりする能力が必要になるのです。今でも宇宙飛行士は地質学の事前訓練を受けています。火星での有人探査が計画されるなか、地質学を学ぶことは宇宙飛行士になる近道なのかもしれません。

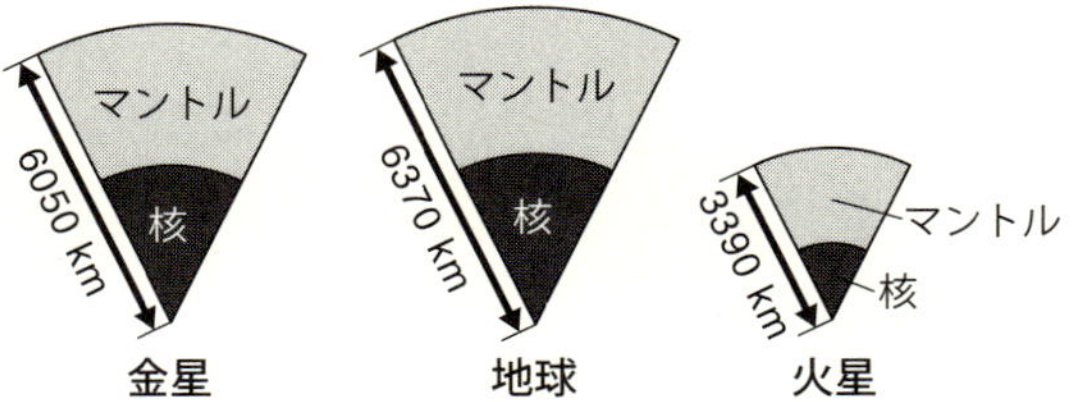

図 1-3　金星・地球・火星の内部構造
いずれの惑星も内部はマントルと核に分かれており、その体積比は同じくらい

地球内部はいろいろな層に分かれている

マグマオーシャンによって地球内部は、主にマントルと核に分かれました。地表付近には、さらに地殻というマントルとは異なる層があります。地殻の厚さは5－30kmほどで、地球の大きさからすると薄皮一枚です。地球はよく卵の構造に例えられ、地殻が殻で、マントルが白身、核が黄身に相当するといわれます。

地球を覆う地殻は、海と陸の領域で構成する岩石や厚さが異なります。そのことで、海と陸には標高の差が生じ、水が標高の低い地域に溜まって海が広がっています。もし、地殻を構成する岩石が同じで標高差がなかったのなら、浅い海が地球全体を覆っていたことでしょう。

地殻の下にあるマントルは、深さ２９００kmまで続いていて、地球の大部分を占めます。地球内部の構造は穴を掘って調べる方法もありますが、現在のところ最深でも12kmまでしか到達していません。そのため、地球の深いところを調べるには地震波の伝わる速度を使います。地震によって解放されるエネルギーは、波として地球の内部に波紋のように広がっていきます。その速度が、温度や圧力、そして物質によって異なることを利用するのです。

地震波を調べると、地殻とマントルの境界で速度が急に速くなる特徴がみられ、モホロビチッ

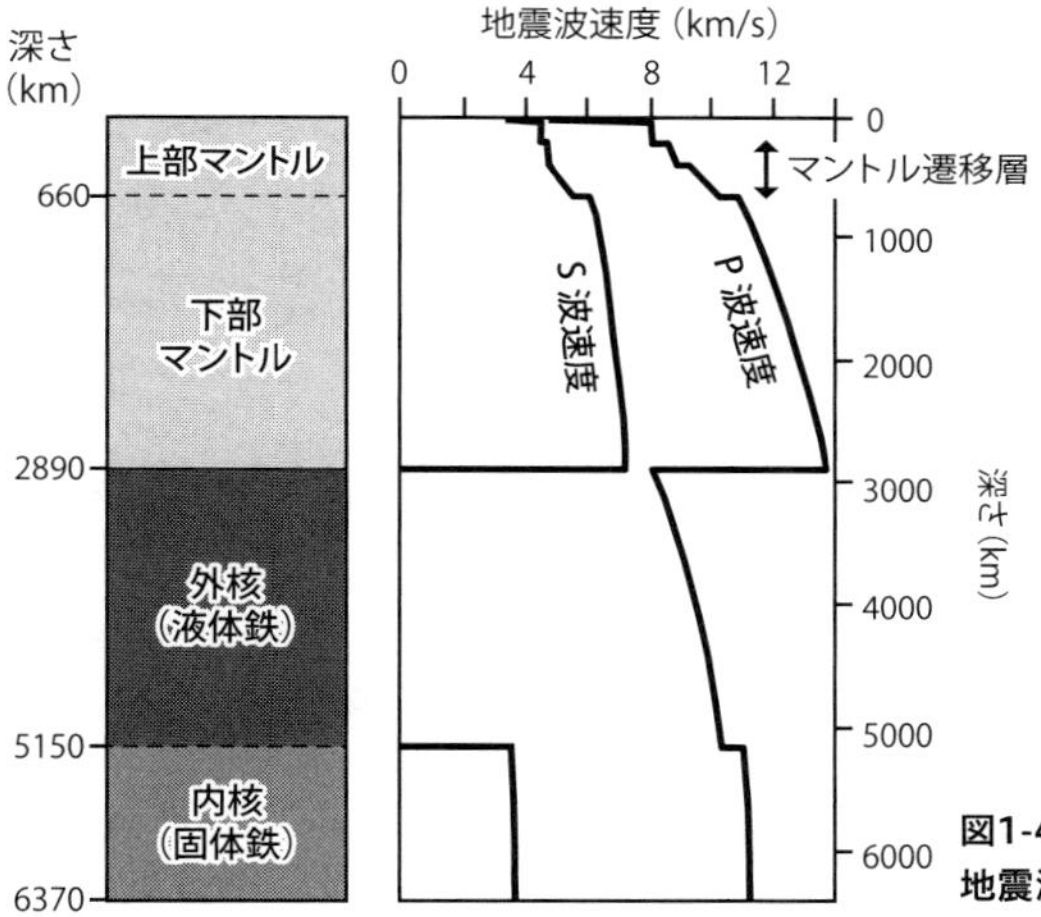

図1-4　地球内部の地震波速度と層構造

チ不連続面（モホ面）とよばれます。これは地殻とマントルで岩石が異なることが原因です。マントルと核の境界でも地震波速度に大きな違いがみられます。また、マントルのなかでも、地震波速度が不連続に変化する深さがあります（図1－4）。深さ660㎞での速度変化を境に、マントルは上部マントルと下部マントルに分けられます。

このような地震波速度の変化は、マントルを構成する鉱物が、圧力や温度の増加によって結晶構造を変化させることや、鉱物の組み合わせが変わることが原因です。これらのなかには、水を多く含むことができる鉱物も存在します。

マントル遷移層とよばれる上部マントルと下部マントルの境界付近で安定な鉱物は、重さにして数％もの水（水酸基）を結晶構造のなかに取り込むことができます。これらの鉱物に水が最大量入ったとすると、現在の海水の5倍もの量になります。地球内部には、海水に匹敵する、あるいはそれ以上の水が存在しているともいわれています。

さらに深部の核の地震波速度をみると、深さ5100kmあたりで縦波であるP波の速度が増加していること、また外側ではS波速度が観測されない特徴がみられます（図1－4）。この深さを境に、核は外核と内核に分けられます。横波であるS波は液体中を通過しないことから、外核は液体であると考えられます。一方、内核ではS波速度が再び観測されていることから、核の内側は固まっていることになります。これは鉄の融解温度が、深さによって大きく変わることが原因です。

核は主に鉄からなりますが、いくらかの不純物があると考えられています。元素には、固体に入りやすいものと液体に入りやすいものがあるため、内核と外核では化学組成が若干ちがいます。水素もその一つの候補で、マントル遷移層に加えて、核にも水（水素）が貯蔵されている可能性があるのです。

ここまでは、固体地球のでき方や内部構造の話を中心にしてきましたが、地球表層で海はいつどうやってできたのでしょうか。次からは、海の起源や海があることによって生じた地球のユニークな特徴を説明していきたいと思います。

1-2 海の誕生

図1-5　地球全体に対する水の量 ©USGS

スノーラインの内側にある惑星には水が少ない

地球表面の約7割は海に覆われているため、地球は水の惑星ともいわれます。しかし、地球全体の質量からすると水の割合は0・02％にしか過ぎません（図1－5）。水の惑星である特徴は、主に地球表層に注目したものといえます。原始の太陽系星雲には、水素のガスや氷のチリが大量にあったはずなのに、なぜ地球ではほんの少しの水しか取り込まれなかったのでしょうか。

宇宙空間の真空状態では、水は水蒸気もしくは氷として存在し、液体の水は存在できません。圧力が低いと、水を介さず氷から水蒸気に昇華してしまうのです。太陽に近いところでは、太陽から受け取る熱が多いため、水は水蒸気として存在します。一方、太陽から遠いところでは、温度が低く、水は氷として存在することになります。この境界をスノーラインとよび、原始太陽系では2・7AUのあたりに位置します（1AUは太陽から地球までの距離になります）。

微惑星は重力によってまわりの物質を取り込んでいきますが、水が水蒸気として存在する場合、密度が小さすぎてほとんど取り込むことができません。一方、水が氷であれば、別の固体物質とくっついたりして密度が大きくなることで、微惑星に多く取り込まれます。

スノーラインは、地球型惑星と木星型惑星の境界に位置します。そのため、その内側に位置する地球では水がほとんど取り込まれず岩石を主体とするのに対し、外側にある木星や土星のような木星型惑星は、氷を多く含む微惑星を材料として、ガスや氷からなる巨大な惑星へと成長しました（図1-1）。太陽から離れた天体には、液体の海がなくても、意外にも多くの水成分が含まれています。

探査機「はやぶさ2」が訪れた小惑星リュウグウは、火星と木星のあいだの小惑星帯にあり、ちょうどスノーラインあたりに位置します。小惑星帯のなかでは有機物や水などを多く含んだC型小惑星があり、リュウグウもその一つです。「はやぶさ2」が持ち帰ったサンプルやデータには、実際に水や有機物がたくさん含まれていることがわかりました。それらの分析を通じて、地球の水や生命の起源に迫ろうとする研究が進められています。隕石では、大気圏に突入した際に水や有機物は分解してしまうのに対し、リュウグウから直接採取したサンプルには、宇宙空間での初生的な情報が残っていると期待されています。

地球の水はどこからきたのか

地球は表面こそ7割が海に覆われていますが、水の総量は地球全体からするとほんの少しであるため、その起源の特定はなかなか難しい問題です。スノーラインより内側では、水は水蒸気として存在するため、地球型惑星にはほとんど取り込まれなかったと説明しました。しかし、ほんの少しなら可能性はゼロではありません。

地球の材料はコンドライトとよばれる地球におちてくる石質隕石の一種だと考えられています。なかでもエンスタタイト・コンドライトは、スノーラインの内側でできた地球の起源物質とされ、少量の水が含まれていることがわかっています。また、原始太陽系には水素のガスがたくさんあったわけですから、その一部なら原始の地球がまとっていた可能性もあります。酸素はマグマオーシャンや岩石中にたくさん含まれているので、大気中の水素とマグマや岩石中の酸素が

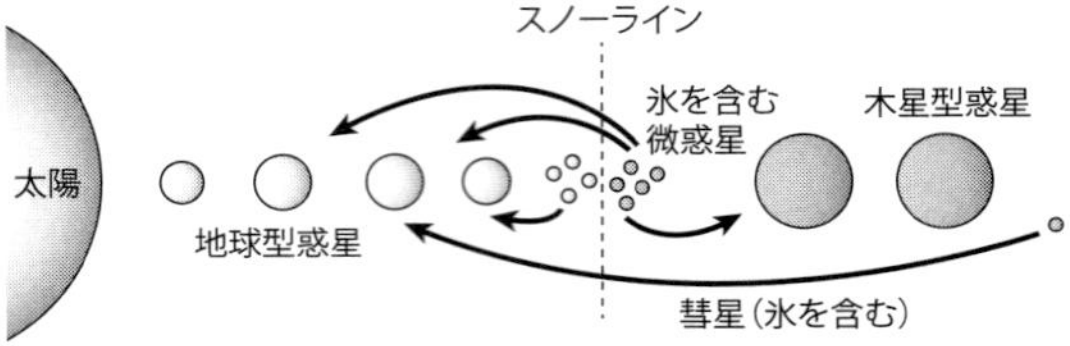

図1-6　地球の海水がスノーライン外側の天体から付加されたというモデル

反応して水ができてもおかしくないのです。

一方、もともと地球は水をまったく含まなかったけれども、水を含んだ微惑星や氷からなる彗星が原始の地球に衝突することで、後から水が供給されたとの考えもあります（図1－6）。地球ができ始めた頃は、比較的大きな惑星の衝突によって小天体の軌道が変化したものもたくさんあると予想されます。なかには、スノーラインの外側に位置し水を多く含んだ物体が、軌道の変化によって原始地球にぶつかってきても不思議ではありません。地球に飛来してきた隕石の多くは小惑星帯を起源とし、なかには水をたくさん含むものもあります。そのため、隕石によって運ばれてきた水が、海に取り込まれたのは間違いないでしょう。問題はその量がどれくらいかということです。

地球の海水の起源は、もともと地球にあったのか、それとも後から地球に加わったのか、どちらかまだ決着はついていません。そのどちらのルートもあったのかもしれません。いずれにせよ、地球に海があることは事実ですから、その起源を明らかにすることは地球の形成史を理解するうえでとても重要です。また、地球に水があるのであれば、同じようなプロセスでできた金星や火星にも水が供給されたことになるでしょう。

現在の金星や火星の表面には液体の水はありません。しかし、これらの惑星が形成された頃には、地球と同じように海が広がっていたとも考えられるのです。そうだとすると、これらの惑星にあった水はどこにいってしまったのでしょうか。これは地球にある海の未来を語るうえでも重要な問題になるので、後の章で詳しく説明したいと思います。

原始海洋の誕生

微惑星の衝突によって地球が誕生した頃、地球にもたらされた水や二酸化炭素などの揮発性成分は、蒸発して原始大気を形成しました。その頃は地表がマグマに覆われていたので、液体の水からなる海はまだありません。

サイズの大きな原始惑星の衝突時には、それまであった大気は一度吹き飛んでしまったことでしょう。その場合にも、マグマオーシャンに含まれていた揮発性成分はマグマから放出（脱ガス）されることで、再び水蒸気や二酸化炭素からなる大気を形成していったと考えられます。

惑星の衝突はその後も続きますが、その頻度は減少していき、地球は少しずつ冷めていきます。最後のジャイアントインパクトから数百万年ほど経過すると、マグマの温度も十分下がり、

図1-7　原始海洋のイメージ

表面が固まっていきます。そうすると原始大気から水蒸気が雨となって降りはじめ、地表をさらに冷やして海を形成していきました（図1－7）。原始海洋の誕生です。最後の巨大天体の衝突が月を形成したものだとすると、およそ45億年前にはすでに海が広がっていたとも考えられます。

原始海洋は、私たちが知っている現在の海とはまったく違う世界だったことでしょう。大気中に大量に含まれる水蒸気や二酸化炭素によって気圧が高くなると、１００℃以上の高温でも液体の水が安定でいられます。そのため、厚い大気に覆われた原始海洋の温度は２００℃近くであったと考えられます。原始の海には硫酸や塩素などの火山ガスも多く溶け込み、海水は高温の強酸性で、とても生物の住める環境ではありませんでした。

マグマオーシャンの表面が固まってできた地殻はほぼ均質で、いまほど地表の起伏もありません。そのため、海は地球全体を覆い、火山の一部が水面から顔を出す程度だったと考えられます。厚い大気によって太陽光が遮られた暗闇の中、火山からは大量のマグマが吐き出され、微惑星が衝突するたびに海は蒸発を繰り返したことでしょう。そのような原始海洋から現在のような海に至るまでには、その後の長い歴史が必要となります。

1-3 大陸と海の進化

水の含有量がプレートの硬さを決める

海の形成によって地表の温度が低下すると、地表付近の岩石は硬くなることでプレートとして、地球内部の動きとは異なる振る舞いをするようになります。現在の地球は10枚ほどのプレートに覆われています。しかし、地球形成初期のような温度が高い環境では、さらに多くの小さなマイクロプレートが存在していたと考えられます。

マグマオーシャンが固まると、核を除くマントルのほとんどの領域は固体となりますが、放射性物質の熱源によって地球内部は高温のままです。ウランなどの放射性元素は、崩壊するのに長い時間がかかります。現在でもまだ発熱していて、マントル最深部での温度は約３０００℃にも

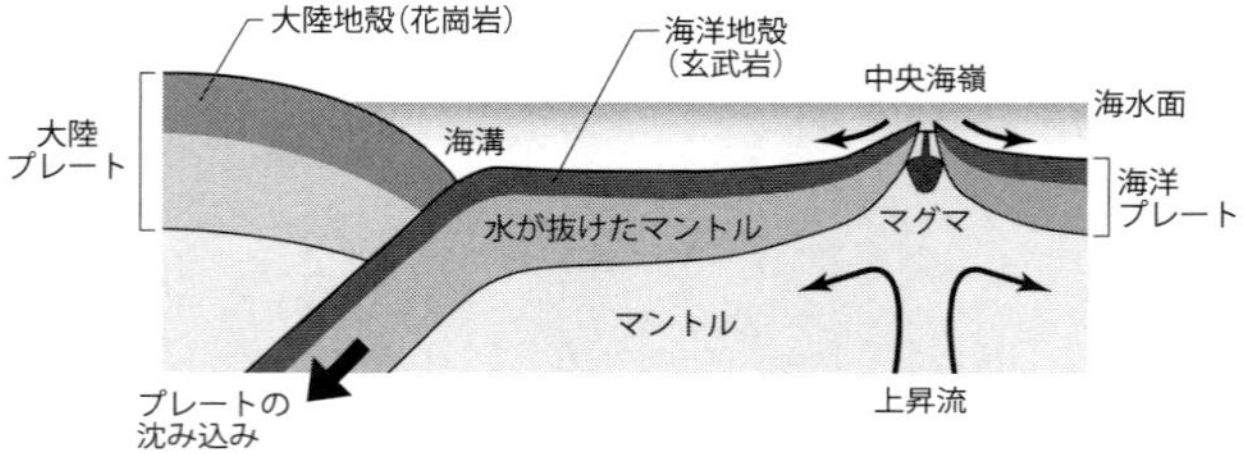

図1-8　プレートの概要

達します。そのような高温条件では、岩石であっても水飴のように流動的に振る舞います。一方、地表付近は海の形成によって急激に冷やされていますので、カチコチに固まっています。そのため、地球内部の流動的な動きとは異なる動きをするのです。そのような地表付近の硬い岩盤のことをプレートといいます（図1-8）。

プレートの境界は何が決めているのでしょうか。一つのモデルは、プレートの底にあるマントルが一部溶けていて、溶けた潤滑剤のような層の上をプレートがスルスル動いているという考えです。これはプレートの下に地震波速度が遅い層が観測されていることから提案されたモデルです。しかし、部分溶融ではマントルの流動しやすさがそれほど変わらないとの実験データもあります。そこで、新たに注目されているのが、岩石の硬さに対する水の効果です。岩石を構成する鉱物の中に取り込まれる水（水酸基）は、微量であっても流動的な変形をしやすくすることが室内実験で示されています。

図1-9　イェール大学の唐戸研究室の面々
左から2人目が唐戸先生

海洋プレートは、中央海嶺でマグマが生成される際にできます。水はマグマに溶けやすい元素であるため、マントルが溶けてマグマができる時、溶け残りのマントルでは水分が減少します。そうすると、水分が減った領域が硬いプレートとして振る舞い、その下の水を含む柔らかいマントルとは力学的に異なる性質をもつと考えられるのです。

このモデルは、アメリカのイェール大学で教鞭をとる唐戸俊一郎らによって1990年代に提案されたものです。それまで主流であったプレートの下が溶けているから柔らかいとのモデルとは、真逆の発想です。

じつは、私はこの唐戸先生のもとで、2003年から2006年までポスドク研究員をしていました（図1-9）。テーマはもちろん、岩石の硬さに対する水の効果でした。結晶の並ぶ方向に対する水の影響を調べることで、マントルでの水の分布に関する研究などにも取り組んでいました。唐戸先生は常に大きなビジョンをもち、そこに真っ直ぐに取り組む研究姿勢から、多くのものを学ばせていただきました。ただし、ハリケーンがやってきた時は、密かに実験室から抜け出し、ロードアイランドの海でサーフィンしていたことを白状しなければいけません。

海の存在によって始まったプレートテクトニクス

地球では、プレートがマントルへと沈み込むプレートテクトニクスによって、表層の物質が地球内部へと運ばれていきます。海底での水と岩石の反応によって、海水もプレートに取り込まれ、地球内部を循環しています。そのようなグローバルなスケールでの物質循環は地球の特徴であり、地球をユニークな惑星へと進化させた原動力といえます。

その一方で、金星や火星など他の惑星では、スタグナントリッド型の対流様式が起き、プレートテクトニクスは稼働していません（図1－10）。スタグナントは停滞、リッドは蓋という意味ですから、金星や火星では地球のような移動するプレートではなく、硬く動かない殻で覆われて、全球規模の物質循環は起きていません。では、なぜ地球だけにプレートテクトニクスがみられるのでしょうか。

硬い岩盤であるプレートが沈み込みをはじめるには、プレートの強度を下げる必要があります。ここでも水、そして海の存在が重要な役割を担います。プレートが折れ曲がるときにできる

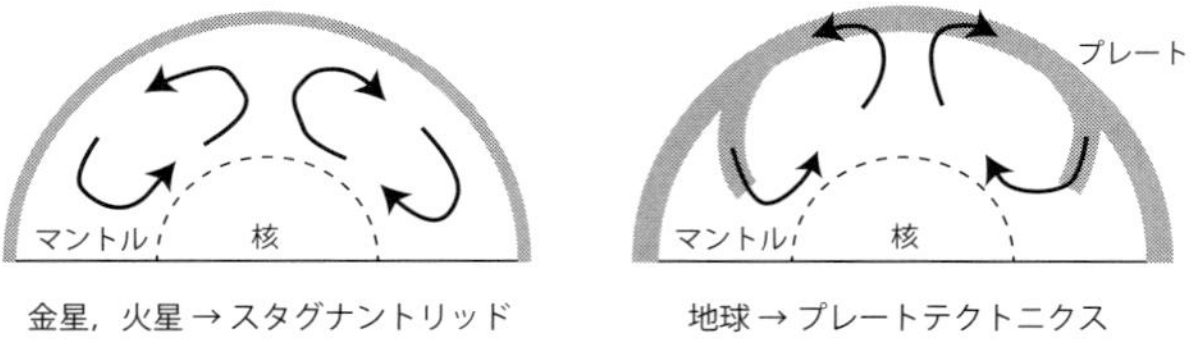

図1-10　スタグナントリッドとプレートテクトニクス
プレートテクトニクスでは、プレートの沈み込みによって水を含めた表層物質が内部へ運び込まれるのに対し、スタグナントリッドでは、表層の物質は内部の対流には巻き込まれない

断層にそって海水が浸み込むと、プレートが弱くなると考えられるのです。中央海嶺でプレートから水が抜き取られるときとは逆で、プレートに水が加わることで強度が低下するのです。しかし、この説には一つ問題があります。プレートが沈み込むからこそ、プレートが折れ曲がるのであって、沈み込み前にどうやってプレートを曲げて断層をつくることができるのでしょうか。

私たちは、プレートテクトニクスのはじまりには、地球初期に海が誕生する際、大量の熱的クラックができたことが鍵であったと考えています。マグマオーシャンが冷えてプレートができ始めた頃は、海水による急激な温度低下でプレートにはたくさんのクラックが発生したと想像できます。熱したお皿に冷水をそそぐと簡単に割れてしまうのと同じような現象です。急激な温度低下によってできた割れ目に、海水が浸み込むことでプレートの強度が下がり、プレートが他のプレートの下に沈み込みを開始したとの仮説を立てたのです。

この説を検証するため、プレートを構成する岩石を実験室で熱した後に急冷してみると、やはりたくさんのクラックができることが分かりました。岩石の変形実験によって、割れ目を多く含む岩石の強度が著しく下がることも確かめました。また、コンピューター計算によって、プレートの強度が低下することで、プレートテクトニクス型の対流パターンが発生することも再現できました。地球初期の海ができ始めた頃は、プレートテクトニクスを始める条件が揃っていたと考えられるのです。

では地球と同じように、その形成初期に海があったとされる金星や火星では、プレートテクトニクスはまったく起きなかったのでしょうか。現在の金星や火星ではプレートテクトニクスはみられませんが、過去にはプレートテクトニクスが働いていたのかもしれません。実際、火星の古い地質体には磁気の縞模様がみられ、その形成初期には地球のような磁気ダイナモがあり、プレートテクトニクスが稼働していた可能性も指摘されています。惑星形成の初期段階でプレートテクトニクスが起きることは別に珍しくなく、その惑星の歴史を通じてプレートテクトニクスが継続することのほうがよっぽど難しいのだと私たちは考えています。

大陸をつくるには海とプレートテクトニクスが必要

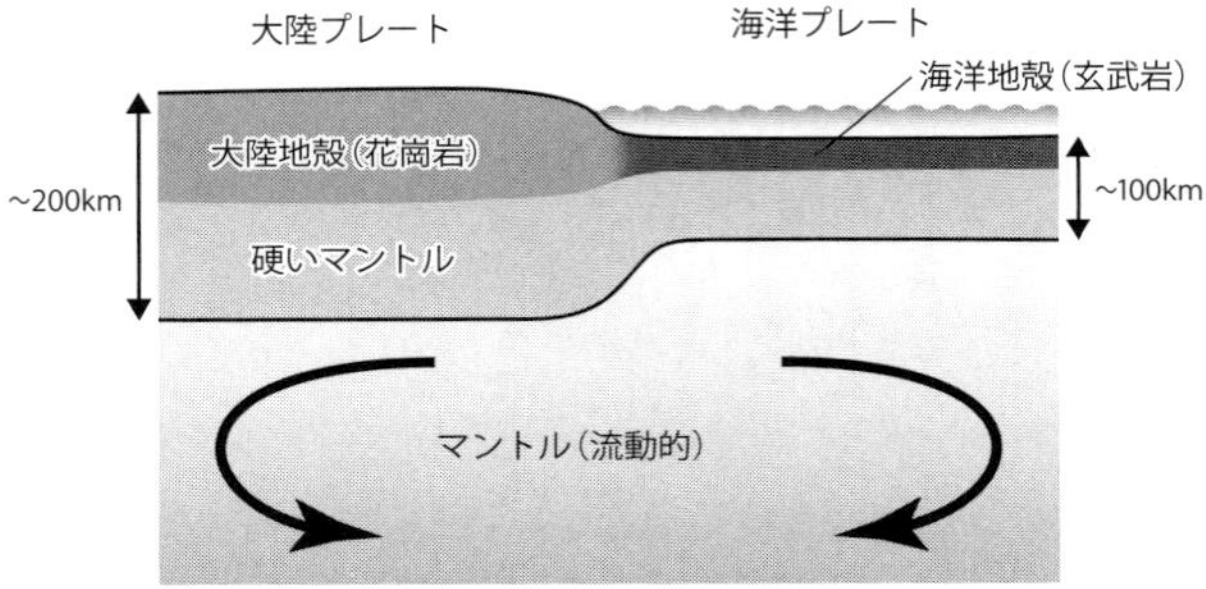

図1-11　大陸プレートと海洋プレート

プレートには、海洋プレートと大陸プレートの二種類があり、両者は密度や厚さなどの特徴が異なります（図1-11）。そのような2つのプレートがあるのは、地球だけの特徴です。

大陸プレートは、大陸地殻とその下のマントルからなり、海洋プレートよりも厚い特徴があります。大陸プレートは古い時代のものも含み、その下のマントルは長いあいだ冷やされ続けます。温度が低下すると岩石は硬くなり、プレートの厚さはどんどん厚くなっていきます。また、大陸地殻をつくった際に、大量のマグマが抜き去られたことで、マントル中の水が減った効果もあります。

海洋プレートが中央海嶺でつくられるのに対し、大陸プレートは沈み込み帯でできます。大陸地殻を構成する花崗岩は、海洋地殻の玄武岩よりもシリカの成分を多く含み、水のある環境下でのマグマの生成が必要になります。そのため、大陸地殻ができるには、海があってプレートテクトニクスが開始している必要があります。現在私たちが暮らしている大陸は、「水」のおかげで存在するともいえるのです。

今のところ最も古い花崗岩は、カナダ北部にあるアカスタ片麻岩で、約40億年前に形成されたものです。私たちも現地で調査したことがありますが、グリズリーがよく出没する地域で、ハンマーに加えペッパースプレーを脇に抱えて調査したのをよく覚えています(幸いにもスプレーを使う機会はありませんでした)。また、オーストラリアにある堆積岩中の鉱物粒子の年代測定から、約44億年前には花崗岩質のマグマ、すなわち大陸地殻ができはじめていたとの報告もあります。プレートテクトニクスの開始がどこまで遡るのかまだ決定的なことはいえませんが、地球形成の初めの頃からプレートテクトニクスが稼働していたことに間違いはなさそうです。

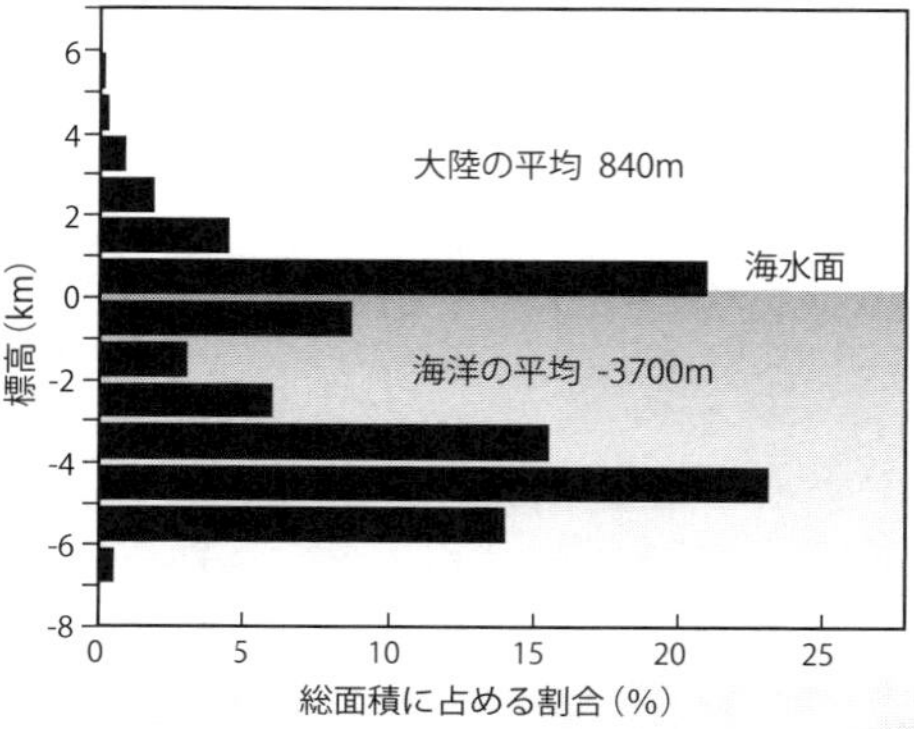

図1-12　地球表面の標高分布

地球の標高には、大陸の高さと海洋の深さの2つのピークがあります（図1-12）。これは、大陸地殻と海洋地殻を構成する岩石の密度が違うこと、そして厚さにも違いがあることが原因です。地殻を含む軽いプレートは、それよりも重くて流動性のあるマントルの上に浮かんでいて、プレートの底にかかる荷重と浮力が釣り合っている関係にあります。

そのような考えをアイソスタシーといいます。海氷が水面から顔を出すのと同じ理由です。大陸地殻は海洋地殻よりも密度が小さく厚いために標高が高いのです。金星や火星では、そのような標高の二分性がみられないことからも、プレートテクトニクスが現在も働いているのは、地球だけということになります。

大陸は増えて海の割合が減っている

大陸の割合は地球史を通して増え続けています。大陸プレートは軽いためにマントルのなかに沈み込めません。大陸と大陸のプレートがぶつかるところでは、衝突によって大山脈が形成されます。ヒマラヤ山脈は、インド亜大陸を含むプレートとユーラシアプレートの衝突によって形成されました。衝突によってグニャグニャに変形した地層や、衝突する前に海底で堆積した化石を含む地層が隆起して、エベレストの山頂付近にも露出しています。

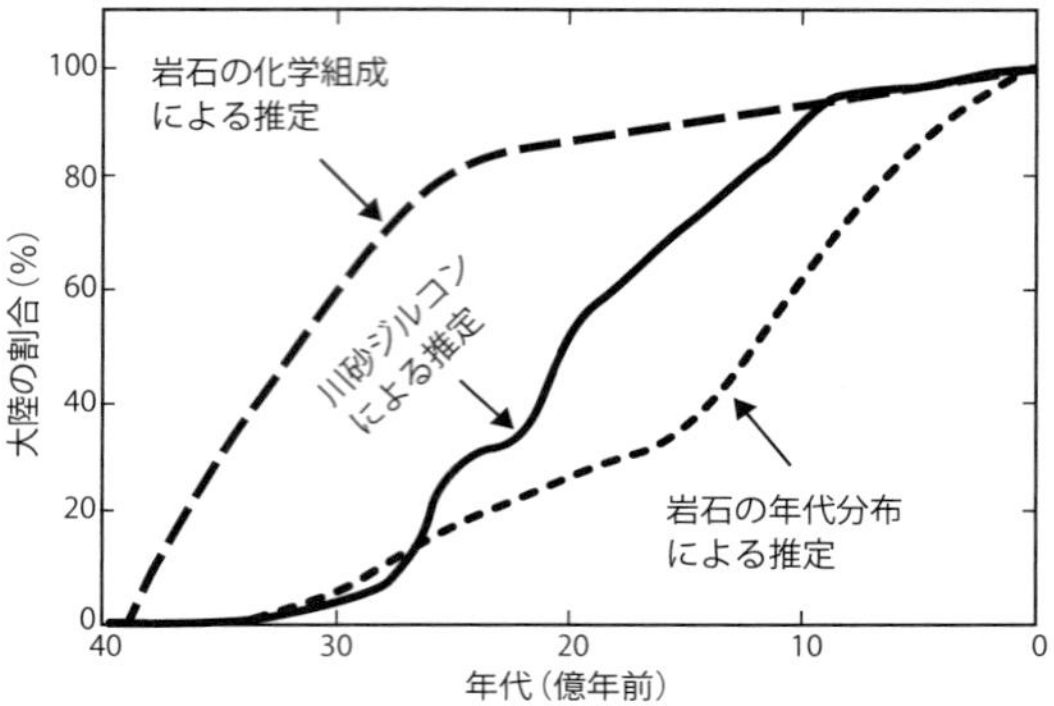

図1-13　現在の大陸の割合を100%とした大陸成長のモデル

（Rino et al. 2004にもとづく）

海洋プレートは、いずれマントルに沈み込んでしまうため、その年代は古くても2億年程度なのに対し、大陸プレートで古いものは約40億年前まで遡ることができます。そのため、地球の歴史を調べるのに、大陸プレートはとても役立ちます。

海洋プレートの物質も、その一部は沈み込むときに剝ぎ取られ、大陸側に付け加えられたりすることがあります。そのような地質体をオフィオライトといい、日本列島のような大陸縁辺にも多くみられます。夜久野《やくの》オフィオライトは古生代にできた海洋プレートの断片で、福井県から岡山県にわたって帯状に分布しています。大陸プレートの内陸部にも、古い海洋プレートの物質が取り込まれていることもあります。

大陸は沈み込まないため、その割合は増え続けているのですが、大陸の増える割合は地球史を通じて一定であったとは限りません。マントルや地殻の岩石の化学組成や同位体比の測定によると、大陸地殻のほとんどは、地球史の初期の段階に形成されたと報告されています。一方、大陸に露出する岩石の年代をたくさん測定し、その年代を示す大陸地殻の割合を調べてみると、ここ10億年くらいで大陸が急に成長したと推測されています（図1－13）。大陸がどのようにできていったかは、海洋や大気の組成とも関わるとても重要な問題です。

大陸地殻の一部は風化などによって浸食され、とくに古い大陸は大きく削られ、現在の大陸の割合は少なく見積もられていると考えられます。そこで注目されているのが、大陸を流れる川砂から採れるジルコン粒子の測定です。浸食があっても河川の下流域には砕屑物が届き、そのなかに含まれるジルコンは元々の大陸の割合や年代分布を反映していると期待できるのです。

そのような考えのもと、私たちは北米大陸で最大の河川であるミシシッピ川で、ニューオリンズの河口からモンタナの原流域まで、３０００kmにわたって川砂を集めました。主なメンバーは、研究室の後輩の李野、日系ブラジル人の元木さんと私の３人で、ドライブと川砂集めの日々を1ヵ月ほど繰り返しました（図1－14）。唯一の息抜きは、元木さんのもってきたテープを聴きながら車の中で大声で歌うことでした。北半球のアメリカは夏だったのに、ブラジルから元木さんがもってきたテープは「北風小僧の寒太郎」など冬の歌謡曲ばかりでした。

調査から持ち帰った大量の川砂のジルコンを分析したところ、結果は先に述べた2つの大陸成長曲線のあいだに位置し、いくつかの時代で集中的に大陸が成長していることが分かりました（図1-13）。大陸がある時代に急に増えたのは、その時代にプレートの沈み込みが活発化して、大量の花崗岩質マグマがつくられたからだと考えられます。この先、マグマ活動が再び活発になって、大陸が急に増える時代がやってくるかもしれません。そうなると地表での海の割合はどんどん減ってしまうことでしょう。

図1-14　ミシシッピ川での川砂集め

図1-15　火星での流水地形の一つであるアウトフローチャネル © NASA/JPL-Caltech/Arizona State University

1-4

地球以外の惑星の水

太古の火星にあった水

地球は液体の水の存在が確かめられている唯一の惑星ですが、他の惑星でも過去には液体の水が存在した可能性があります。とくに火星では、地表の地形からその形成初期には河川や海が存在したと考えられています。

火星表面には、水が流れたような地形が多くみられることから、過去の火星では液体の水が存在していたのでしょう（図1－15）。火星に降り立った探査機による調査からも、水がないとできないような堆積構造が確認されていますし、水を含む粘土鉱物などが広く分布することもわかっています。いつ頃まで火星に水があったかというと、30億年前くらいまでで、それ以降は現在のような乾燥した惑星になってしまったと考えられています。

しかし、最新の研究によると、火星の地中には今でも液体の水がある可能性が指摘されています。火星の斜面地には、ガリーと呼ばれる細長く筋状の地形があります。その縞模様が季節によってみえたり消えたりすることが、ＨｉＲＩＳＥという最新の高解像度カメラの分析で発見されました。斜面の縞がみえるのは火星の夏で、冬になるとみえなくなり、夏になると再び姿を現すのです。火星表面の平均気温はマイナス60℃くらいですが、中緯度の夏の午後では地表の温度は20℃にも達します。そのため、このような地形の季節変化は、氷が解けた液体の水によってできると考えられるのです。

現在の火星表層に水が存在するとの発見は、大きな

図1-16　火星内部探査のInSightミッション ©NASA

インパクトを与えました。しかし、太古の火星にあった河川や海の水量を説明するには十分とはいえません。火星の極には、水と二酸化炭素からなる極冠氷がありますが、それ以外にもどこかに水のリザーバーがあるのではないかと考えられています。その有力な候補は、火星の内部です。

2018年に火星に着陸した探査機InSightは、地震波観測によって火星の内部構造を調べました（図1-16）。地球の内部構造は、地震波の伝わる速度によって調べられることを先に述べました。InSightミッションでも、同じような手法で火星の内部構造を調べたのです。その結果、火星の地下10km付近に地震波速度の不連続面が検出されました。

火星内部での地震波不連続面は、化学組成の変化や岩石の隙間がつぶれることが原因と考えられています。しかし、私たちは違った考えを持っています。地震波の伝わる速度は、水の存在によって大きく変わるので、岩石の隙間に水を多く含んだ地層があることで、地震波速度が急に変化してもいいのです。現在の火星内部に地下水脈が残っているのであれば、そこには微生物が細々と生き延びているかもしれません。そのような水脈が火星のなかに本当にあるのか、様々な面から現在も検証を続けています。

月にも少しの水があるらしい

月は、火星サイズの原始惑星が地球に衝突したジャイアントインパクトによってできた可能性があると説明しました。その場合、揮発性成分の多くは宇宙空間に散逸するため、月には水がほとんど含まれないと考えられます。

アポロ計画で持ち帰った岩石の初期分析でも、水はほとんど含まれていませんでした。ところが、分析技術の発展によって微小な領域の化学分析が可能になると、アポロ計画で持ち帰った試料や月の隕石にも地球の岩石と同程度の水が含まれていることがわかりました。また、2009年に実施されたLCROSSミッションでは、月面に衝突した際に飛び出た粉塵の解析から、水が検出されました。これら月にある水はどこからやって来たのでしょうか。

地球や月ができた頃は、天体の軌道がまだ安定せず、多くの微惑星や小天体が地球や月にぶつかったと考えられます。月の表面をみても、クレーターだらけで多くの小天体の衝突があったことを物語っています（図1－17）。ジャイアントインパクトで月ができた後も、41億から38億年前頃に小天体の衝突が集中的にあり、後期重爆撃期といわれています。これらの小天体は、スノーラインの外側からやってきたものもあり、地球と同様に、月にある水はそれら小天体に含まれていたものを起源としてるのかもしれません。

図1-17　月面のクレーター ©NASA

NASAはアルテミス計画によって、2020年代後半に人類を再び月に送ることを計画しています。そして、将来的には月面を拠点として、火星への有人探査も視野に入れています。月を中継地点にするのは、地球の重力圏から抜け出すエネルギーを節約するためです。そして、月に水があるのであれば、月探査クルーの生命維持はもちろんのこと、電気分解することで水素と酸素として取り出せれば、燃料としても活用することもできます。月のどの場所にどれだけの水があるのかが、今後の惑星探査の鍵を握っているといえます。

氷衛星の内部には海が広がっている

木星や土星の巨大ガス惑星のまわりには、数多くの衛星がみられます。木星ではガリレオ衛星と呼ばれる

図1-18　エンセラダスの内部構造 ©NASA
氷の下には内部海が存在し、極域では海水がプリュームとして宇宙空間に噴き出している

イオ、エウロパ、ガニメデ、カリスト、土星ではエンセラダスやタイタンが有名なところです。これらの衛星は、スノーラインより外側に位置し、氷を主成分としています。そして、表面の氷の下にはどうも液体の水（内部海）がありそうなのです。

エンセラダスは、土星の第二衛星で、直径は５００㎞ほどの天体です。表面は氷に覆われています。２００５年に探査機カッシーニがエンセラダスの観測を行ったところ、水蒸気と氷の粒からなるプリュームが地上から数百㎞以上も噴き出しているのを発見しました。凍った表面の下には、全球を覆う深い海が存在し、地表の割れ目から海水が噴出していたのです（図１‐18）。

その後、カッシーニがプリュームに含まれ

る粒子をサンプルして分析すると、水はアルカリ性でシリカのナノ粒子が検出されました。その特徴は、地球の海底熱水噴出孔でみられる海水の特徴とよく似ていたのです。

木星の第二衛星であるエウロパにも、エンセラダスと同じように、地下に内部海が広がっている可能性が指摘されています。木星探査機ガリレオが、エウロパの磁場や重力を調べたところ、氷からなる地殻の下に水深100kmほどの海が広がっていると推定されています。その総量は地球の海の2~3倍に匹敵します。エウロパの内部は、地球と同じような放射性元素の崩壊熱に加え、木星との潮汐力による摩擦熱で氷が溶けていると考えられています。2016年にハッブル宇宙望遠鏡の観測によって、エウロパの南極付近でもエンセラダスと似たようなプリュームがみられ、氷の割れ目を通じて海水が地上に噴き出ているのが確認されました。

2023年4月には木星氷衛星探査機のJUICEが打ち上げられました。欧州宇宙機関が主導するミッションですが、日本やアメリカも参加する国際プロジェクトで、2031年頃には木星の衛星に到着する予定です。エウロパにも接近し、氷の地表から噴き出す水の分析をすることで、生命が存在しているかどうかを調べることになっています。また、NASAはこれとは別に、エウロパに絞った探査機エウロパ・クリッパーを2024年に打ち上げ、エウロパの内部にある海の全体像を明らかにしようとしています。これからの10年は、これら氷衛星での地球外生命の手がかりなど、世紀の発見の連続かもしれません。

太陽系外の惑星にある海

ここまでは太陽系にある惑星の水についての話でしたが、太陽系外の惑星が次々と発見されるなか、地表に液体の水が存在する領域（ハビタブルゾーン）に位置する惑星もみつかっています。なかには、地球とうりふたつのような海をもつ惑星もありそうなのです。

太陽系を含む天の川銀河には、恒星が約2000億個もあり、そして宇宙には1000億以上もの銀河があると考えられています。太陽系には8つの惑星があることから、宇宙にも多くの惑星があることは容易に想像できます。しかし、恒星とは違って惑星は自ら光を発しないため、太陽系以外で惑星を検出することは難しいとされていました。

ところが、1995年にマイヨールとケローが、恒星の光に微妙なふらつきがあることをもとに、ペガスス座51番星を公転する惑星を報告しました。太陽系外にある惑星のはじめての発見です。それ以降、宇宙望遠鏡などによって、これまで5000個以上の系外惑星がみつかっています。系外惑星の発見の功績に対して、マイヨールとケローには2019年にノーベル物理学賞が贈られています。

系外惑星が発見された当初は、恒星への影響が大きい巨大なガス惑星がほとんどでした。とくに、マイヨールとケローが最初にみつけた系外惑星は、公転周期が4・2日で恒星のかなり近いところを公転する巨大ガス惑星で、ホットジュピターとよばれます。そのような惑星は、従来の惑星形成モデルでは説明できないため、惑星形成のモデルは再検討され始めています。

　2009年に系外惑星を観測することを目的としたケプラー宇宙望遠鏡が打ち上げられてからは、トランジット法によって比較的小さな岩石惑星を含む多くの系外惑星がみつかりはじめました（図1－19）。そのなかには、地球と同じような大きさで、恒星からの距離もある程度離れていて、ハビタブルゾーン（生命生存可能領域）に位置する惑星も含まれます（図1－20）。それらの系外惑星は全体が海で覆われているかもしれませんし、地球と同じように陸と海が共存しているのか

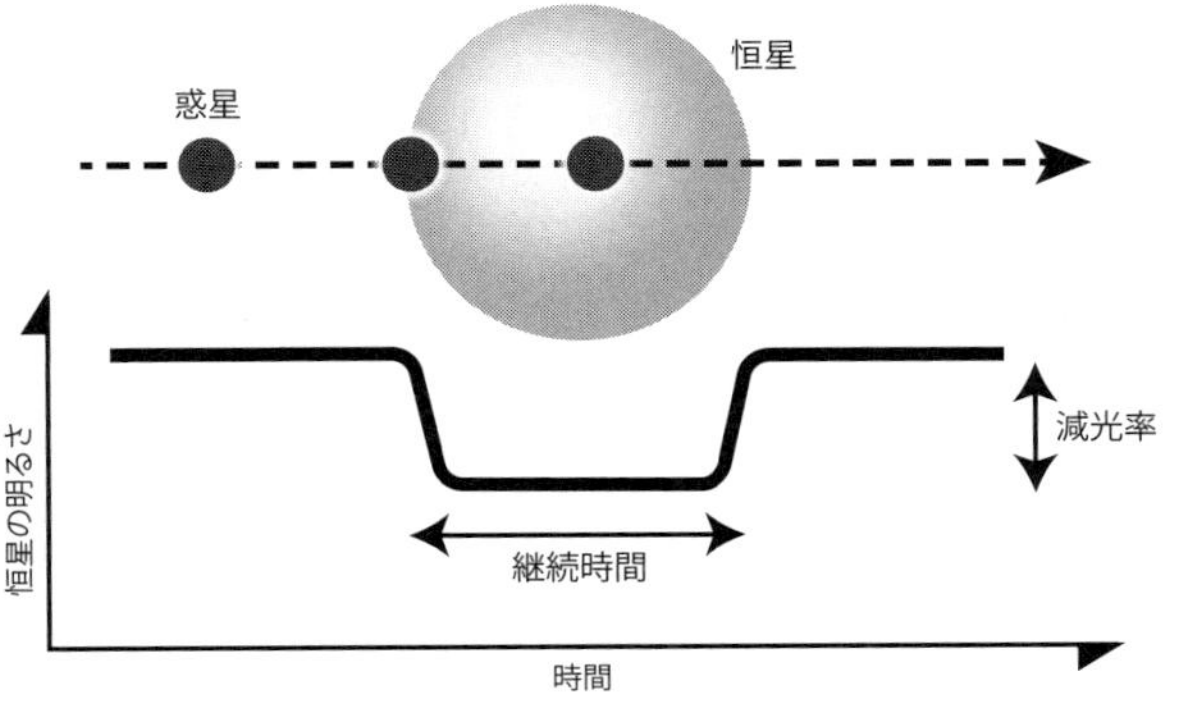

図1-19　トランジット法による系外惑星の検出
減光率から惑星の大きさ、継続時間から惑星の軌道に関する情報なども得られる

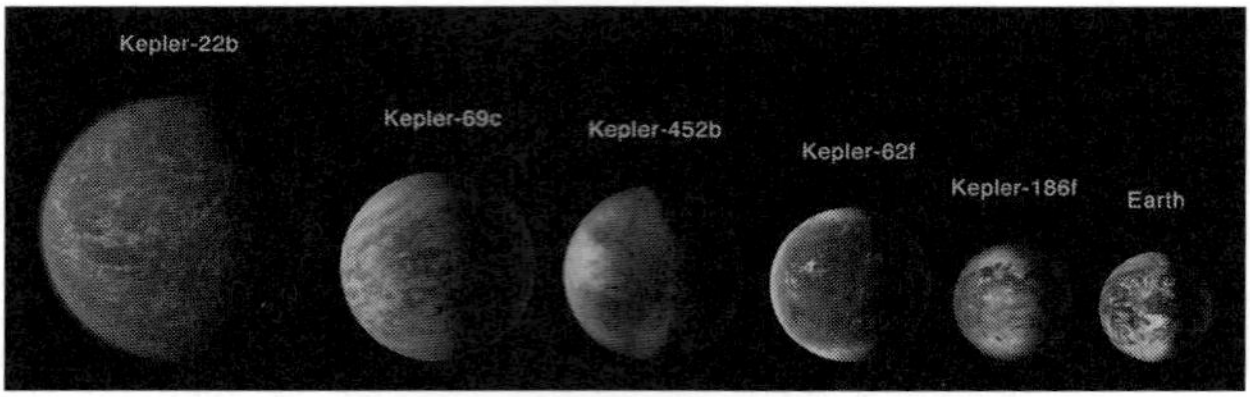

図1-20　地球に似た性質を持つ系外惑星と地球 ©NASA/Ames/JPL-Caltech

もしれません。

地球では、生命活動によって大気中に多くの酸素が含まれます。そのため、これら系外惑星の大気組成を調べることができれば、生命活動の有無が分かるのではないかと期待されています。しかし、太陽系から数百光年以上も離れた小さな惑星の大気組成については、ほとんど何もわかっていないのが現状です。

最近注目されているのは、太陽系に比較的近いところにたくさんある赤色矮星です。赤色矮星は質量が太陽の半分以下であるため、表面温度が低く、かなり暗い恒星です。そのため、観測がとても難しいのですが、温度が低いためハビタブルゾーンが恒星に近いところに位置し、公転周期が短いハビタブルな惑星を探すには都合がいい面があります。また、赤色矮星の寿命は1000億年以上もあり（太陽の寿命は100億年ほど）、惑星での生命の生存期間が圧倒的に長いことが期待できます。現在、このような赤色矮星をターゲットとした系外惑星の観測計画が急ピッチで進められています。

コラム1 アストロバイオロジー

現在のところ、生命の存在は地球にしか確認されていません。地球以外に生命の宿る惑星はないのでしょうか。私は100%に近い確率でそのような惑星があると考えていますし、その発見も間近だと個人的には思っています。大学の最初の講義で学生に聞いてみても、9割以上の学生は地球外生命がいると答えます。一方で、地球は奇跡の星であり、地球以外に生命などいるはずがないと答える学生も少なからずいます。さて、正解はどちらでしょうか。

読者のみなさんのなかには、アストロバイオロジーということばを聞いたことがある方もいるかと思います。アストロバイオロジーは直訳すると宇宙生物学で、宇宙における生命のあり方を議論する新しい学問領域のことを指します。もちろん、地球も宇宙にある星の一つですから、地球での生命の誕生や進化に関する研究もアストロバイオロジーの範疇です。また、火星や氷衛星での探査機による生命の痕跡探しや、天体望遠鏡によるハビタブルな系外惑星の観測もアストロバイオロジーの主要なテーマです。生命の存在には液体の水が必要だといわれていますので、惑星表面でどうやって海や湖が存在できるかもアストロバイオロジーの対象になります。

これまでの生命の起源や進化の研究では、地球がその中心でした。しかし、系外惑星の発見もありの地球外生命の可能性が増すなかで、アストロバイオロジーでは天文学や生物学、地質学、環境科学と生命に少しでも関わりのある、いろいろな分野を巻き込んだ融合的な研究が進められています。「生命とは何か」を答えるには、生命そのものだけでなく、生命が存在する環境やその起源、はたまた私たちがまったく想像していない生命のかたちを含め、既存の枠組みを超えた学問の広がりが必要になってくるのです。

地球外生命の探索は、SF小説に書かれたフィクションの世界ではもはやありません。地球外生命の第一発見者になるべく、多くの研究者が日々研究に没頭しています。見つかるのは明日かもしれませんし、まだまだ先のことかもしれません。世紀の発見は、予想だにしないところから見つかることもしばしばあります。もしかすると、第一発見者になるのはあなたかもしれません。少なくともその確率は80億分の1、いや、この本を手にとるみなさんにはそれよりもっと高い確率であるのだと思います。

第2章 地球上で生命を育む水

私たち人類にとって水は必要不可欠なものであるのと同時に、地球上のいかなる生命も水なしでは生きてはいけません。生命は海があるおかげで誕生し、そして進化を続けてきました。本章では、地球史を通じた生命と水との関わりを紹介したいと思います。

2-1 生命が存在するには

生命の定義とは

生命と水との関わりに入る前に、まず「生命とはなにか」について整理したいと思います。色が波長によって連続的に変化するのと同じように、生命と非生命も不連続ではなく連続的なものかもしれませんが、一般的には細胞膜、代謝、自己複製の3つが生命の基本要素とされています（図2-1）。

私たち人間は数十兆個の細胞の集まりからできていて、その細胞一つ一つは細胞膜で覆われています。細胞膜がないと、個々の細胞の境目がなくなり物質は拡散して、すべてのものが同質になってしまいます。それぞれの細胞に個性があり役割があったりするのは、細胞の内と外を隔てる膜があるおかげです。一方で、その膜はすべてを遮断するのではなく、選択的な物質を透過させることもできます。

生き物は何かしらのエネルギーを獲得しないと生きていけません。細胞は、細胞膜を通して必要な物質を補給したり、いらなくなった物質を排出したりしています。そのような生体内での化学変化やエネルギー変換のことを代謝といいます。細胞内に酸素を取り込んで、二酸化炭素を排出する呼吸も代謝の一つですし、食事をとってエネルギーを消費するのも代謝になります。甘いものや脂っこいものをたくさん摂りすぎると、脂肪細胞が活発になりますし、運動してエネルギーを消費しないとその細胞が蓄えられる一方になってしまいます。耳の痛い話です。

三つ目の自己複製は、細胞が細胞分裂によってその数を増やすことです。また、生物が子孫を残すことも自己複製の一つといえます。細胞が分裂するとき、遺伝情報をもつDNAをコピーし受け継ぐことで、もと

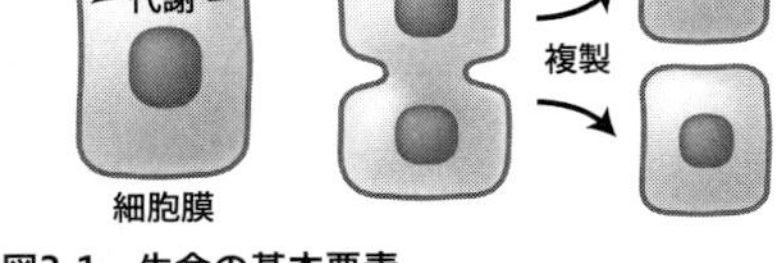

図2-1　生命の基本要素

と同じ細胞をつくることができます。しかし、まったく同じものを複製するだけでは、生命は進化できません。細胞が分裂する際にＤＮＡのコピーが完全ではなくエラーが生じると、変異が起きたりします。がん細胞は、突然変異した細胞の一つで、私たち人間にとってはやっかい極まりないものです。しかし、生命はそのような変異のおかげで新たな機能を獲得し、今日まで進化してきました。そのため、進化も生命の基本要素に入ると考えられています。

生命にとっての水の役割

これら生命として不可欠な要素のいずれにも、「水」はなくてはならない存在です。生きた細胞には多くの水分が含まれますし、私たち人間もほぼ60％以上は水からできています。では、生命はなぜそんなにも多くの水を必要とするのでしょうか。そこには水特有の性質が関わっています。

水はいろいろな物質を溶かし込む性質があります。地球上のほとんどすべての元素は、量はともかくとして水に溶け込むことができます。もちろん塩や二酸化炭素は水に大量に溶け込みます。細胞の外と内では物質のやり取りが必要となり、そのような物質は水に溶けた状態で移動します。血液はそのほとんどが水からできていて、溶け込んだ酸素や栄養を体の隅々まで運んでくれます。また、老廃物は尿によって体の外に出すことができます。植物では、根から地中の水を吸い上げると同時に、土壌に溶け込んでいる様々な元素を水と一緒に吸収するからこそ成長できます。つまり生命は、溶かして運搬するという水の特殊な能力を利用しているのです。

また、代謝を含めた化学反応は、多くの場合、水のなかで進行します。例えば、糖やタンパク質は水が加わる反応によって分解（加水分解）されますし、ＤＮＡなどの核酸の合成・分解にも、必ず水分子が関わっています。多くの物質を溶かすことのできる水のなかでこそ、生命に必要な代謝や複製が活発に起きているのです。

もう一つ水の特殊な能力を挙げるとすれば、熱容量の大きさです。熱容量は、ある物体の温度を単位温度上げるのに必要なエネルギーです。それが大きいということは「温まりにくく冷めにくい」ということです。生命が水からなるということは、環境の温度変化に左右されにくく、生命機能を維持するために必要な微妙な温度調整ができるというわけです。

地球は海に覆われていることで、大気の温度変化を緩和する働きをしています。海が温度を保ってくれるおかげで、気候が安定化し、生命にとって居心地のいい環境が維持されているのです。惑星の表層環境に水が存在できる領域をハビタブルゾーンといい、地球は、現在の太陽系では唯一のハビタブルな惑星です。海のない火星では、地表は熱しやすく冷めやすいため、昼夜の温度差は赤道付近で１００℃ほどに達します。それは生命にとってあまりにも過酷な環境といえます。

生命の成分は海と似ている

微生物から人間に至るまで、生命活動を維持するのに必要不可欠な元素として水素（H）、炭素（C）、酸素（O）、窒素（N）、硫黄（S）、リン（P）の6つが挙げられます。炭素と水素は有機化合物の基本構造をなし、酸素や窒素などが加わることで様々な官能基として働きます。リンは遺伝子のもととなるDNAやRNAの生成に必要な元素ですし、硫黄は代謝プロセスで重要な役割を担っています。いずれの元素も欠乏すると、様々なトラブルが生じて、生命活動を維持するのが困難になってしまいます。

これらの元素の多くは、地球や宇宙空間に普遍的に存在するものを活用しています。（表2－1）。私たち生命は特別なものからできているのではなく、宇宙にありふれた元素をもとにしているのです。とくに、生命と海水の元素組成はたいへんよく似ていることから、生命は海の成分をもとに誕生したと考えられています。

リンについては現在の海水にあまり含まれていません。しかし、太古の海の成分は現在のものとは違う可能性があります。生命が誕生した頃の原始の地球は厚い二酸化炭素の大気に覆われ、酸性であったと考えられています。その場合、鉱物からリンが選択的に溶脱することで、海水中のリン濃度が高くなり、そのような海水を利用する生命が誕生したと考えられるのです。

土星の衛星であるエンセラダスでは、地上から噴き出すプリュームに海水の成分が含まれていることを1章で紹介しました。その海水には、高濃度のリンが含まれていることが報告されています。エンセラダスの内部海でリンの濃集がみられるのは、炭素濃度の高い海水が岩石と反応することによるものらしいのです。そのような環境は原始地球にもあった可能性がありますし、現在のエンセラダスでは原始地球

順位	宇宙	地殻	海洋	人体
1	H	O	H	H
2	He	Fe	O	O
3	O	Mg	Cl	C
4	C	Si	Na	N
5	Ne	S	Mg	Ca
6	N	Al	S	P
7	Mg	Ca	Ca	S
8	Si	Ni	K	Na
9	Fe	Cr	C	K
10	S	P	N	Cl

表2-1　主要な元素組成（原子数の多い順）
小林憲正『宇宙からみた生命史』（ちくま新書）にもとづく

と同じような生命体が生息していることも大いにありえそうです。今後の更なる観測結果が楽しみです。

私たち人間の体液には、少なくない量の塩分（ＮａＣｌやＫＣｌ）が含まれていて、それは海水の特徴ともよく似ています（表２－１）。細胞中の塩分は０・９％ほどで、細胞膜を通して薄い方から濃い方へ移動しています。細胞の外の塩分が多くなると、細胞が縮んでしまいますし、逆だと膨れてしまいます。運動して汗をかくと塩分が外に出ていきますが、その時に水だけではなく塩分をとらないといけないのは、体の中の塩分濃度を調整するためです。また、海水の塩分は３・４％ほどであるため、海水を飲み過ぎると、細胞が縮んでしまうのでとても危険です。

海水中の塩の起源は、原始の地球に遡ります。もともと酸性であった海水は、岩石からナトリウムやカリウムをたくさん溶かし出し、海水の塩素で中和することで多くの塩を含むようになったと考えられています。

生命誕生の夜明け前

生命の素材となる有機分子は、主に炭素、水素や窒素など原始の地球や海洋にありふれた元素からなります。しかし、これらの元素が重合して有機分子をつくって高分子となり、さらに組織化して生命の誕生に行き着くのはそう簡単ではありません。ルイ・パスツールは「白鳥の首フラスコ」の有名な実験で、生命は自然発生しないことを証明しています。では、いったい私たち生命やそのもととなる有機物はどうやってできたのでしょうか。

生命の材料だけあっても化学進化は起きない、もしくは進むとしても気の遠くなるような時間が必要になると考えられていましたが、スタンレー・ミラーはあっと驚く実験でアミノ酸などの有機分子の合成に成功しました。アンモニアやメタンに水を加えたフラスコの中で火花放電すると、グリシン、アラニン、アスパラギン酸などのアミノ酸ができていたのです。実験はガラス製のフラスコを用いた簡単なものでした。原始の大気を模擬し、途中で雷を想定した放電を起こすことで、いとも簡単に生命の起源物質をつくってしまったのです（図2-2）。ミラーはこの時まだ23歳の大学院生でした。

その後、物質をいろいろ変えたり、火花放電の代わりに紫外線やX線を用いるなど、たくさんの実験が行われました。そのなかで分かったことは、メタンやアンモニアなどがある還元的な大気ではアミノ酸ができるのに対し、二酸化炭素などを含む酸化的な大気のなかではアミノ酸は生成されなかったのです。

地球初期の大気は、マグマオーシャンからの脱ガスで二酸化炭素や水蒸気を大量に含み、酸化的なものであったと想定されています。そのため、原始大気中の雷放電では有機分子はできないことになり、化学進化モデルはスタート地点に戻ってしまいました。しかし、原始大気の推定にはまだ不確かなところもあり、一酸化炭素やメタンなどが含まれていた可能性もあるなど、現在も検証が続けられています。

一方で、地球形成初期には多くの隕石や小天体が地球に衝突していたことから、そのような衝突イベントがきっかけで、有機分子ができたと考える研究者もいます。実験室でのガス銃を使った衝突実験では、隕石を高速で二酸化炭素を含む大気に衝突させるとアミノ酸ができるというのです。宇宙空間でも、星間物質である氷に宇宙線がぶつかることでアミノ酸が生成され、「はやぶさ2」が持ち帰った小惑星「リュウグ

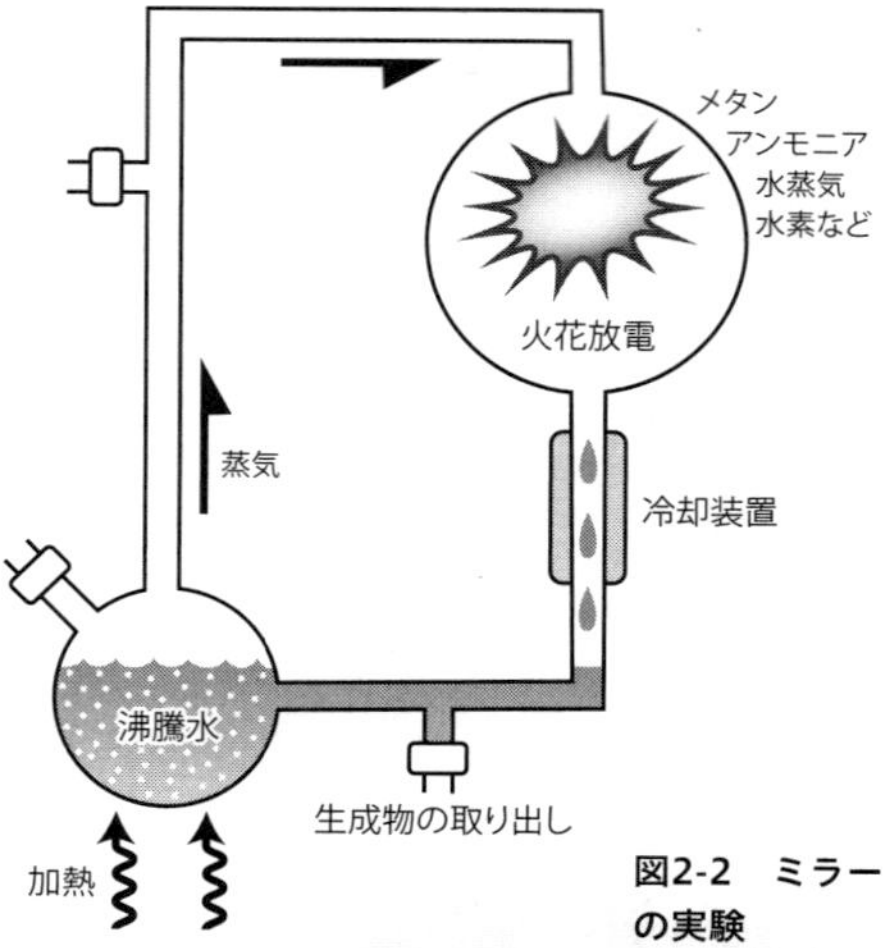

図2-2　ミラーの実験

ウ」の試料からもアミノ酸が多数みつかっています。宇宙を起源とした有機分子があるのは間違いないようですが、量の問題や、そこからどうやって重合し、高次元の有機物を形成していくかなど、まだまだ低くない壁が残っています。

2-2 生命誕生の場

生命は海の中から

地球上のいかなる生命にも多くの水が含まれるように、液体である水の存在は生命活動にとって必須な条件といえます。また、生命と海の成分が似ていることからも、生命が海から誕生したことに間違いはなさそうです。原始の地球では、太陽風や宇宙線によって高エネルギー粒子が地表にバンバン降り注いでいましたが、液体の水はそれらを反射するため、海のなかは初期生命にとって居心地がよかったに違いありません。

といっても海のそこかしこで生命が誕生したのではなく、原料となる物質や反応を促進する条件が整った環境が必要となります。そのような生命誕生の場として有力な候補が２つあります

（図2－3）。

一つは深海の熱水噴出孔です。太陽光のあたらない深海底では、現在も海水と岩石の反応をエネルギー源とする独立栄養微生物が生存しています。もう一つは陸上の温泉地帯です。陸域での脱水縮合によってできる有機物が集まった、温泉のような場所から生命が誕生したとの考えです。生命誕生の場としてどちらの説が正しいのか、まだ決着がついていない重要な問題です。ここでは、それぞれの考えを簡単に紹介したいと思います。

それ以外にも、生命は地球上で誕生したのではなく、どこか他の惑星で生まれたものが地球に運ばれ、進化していったとの考えもあります。パンスペルミア説とよばれるものです（図2－3）。もしそうだとしたら、宇宙は生命にあふれているということになります。そんなことを言ったらなんでもありな気がしなくもありませんが、否定することも難しいです。この仮説もその後の生命の進化の舞台は海となるので、深海熱水説と陸

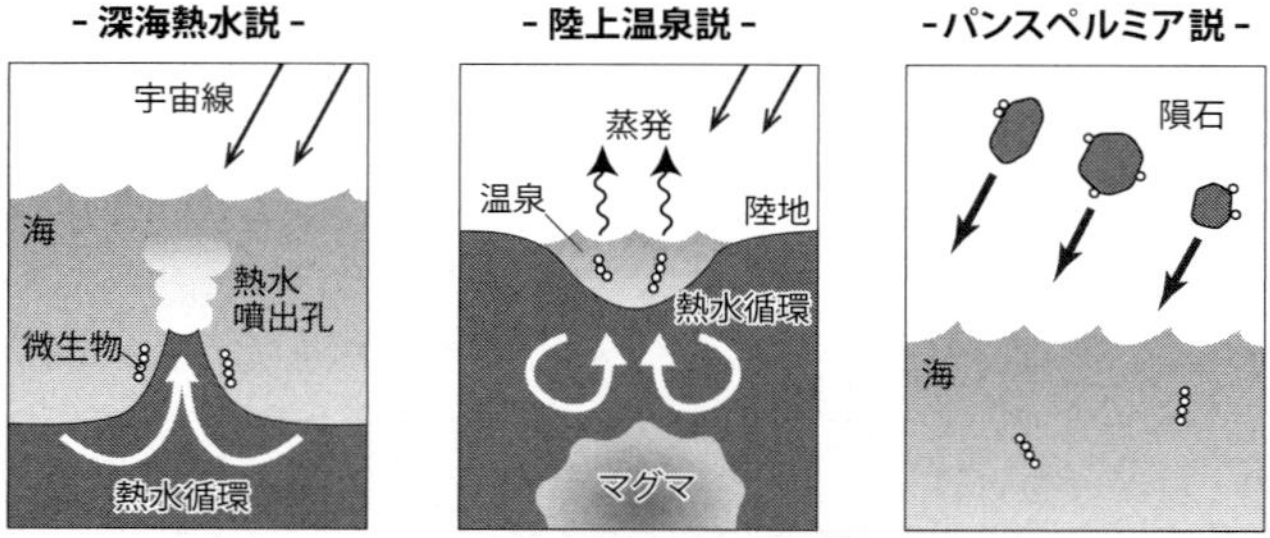

図2-3　生命誕生に関する3つの説

上温泉説に続いて、この機会に紹介することにします。

深海の熱水噴出孔にすむ初期生命

海底には中央海嶺とよばれる大山脈が広がり、そこではマグマが現在もつくられています。マグマが冷え固まっても、熱を持った岩石が海水と反応することで、熱水には岩石中のいろいろな成分が溶け込みます。

中央海嶺付近の海底では、そのような熱水がところどころ海底から湧き出している熱水噴出孔がみられます（図2－4）。その水深は2000mくらいで、光のまったく届かない深海の暗闇のなかなのですが、熱水噴出孔の周りには驚くほど多くの生物が生息しています。小さな微生物から、

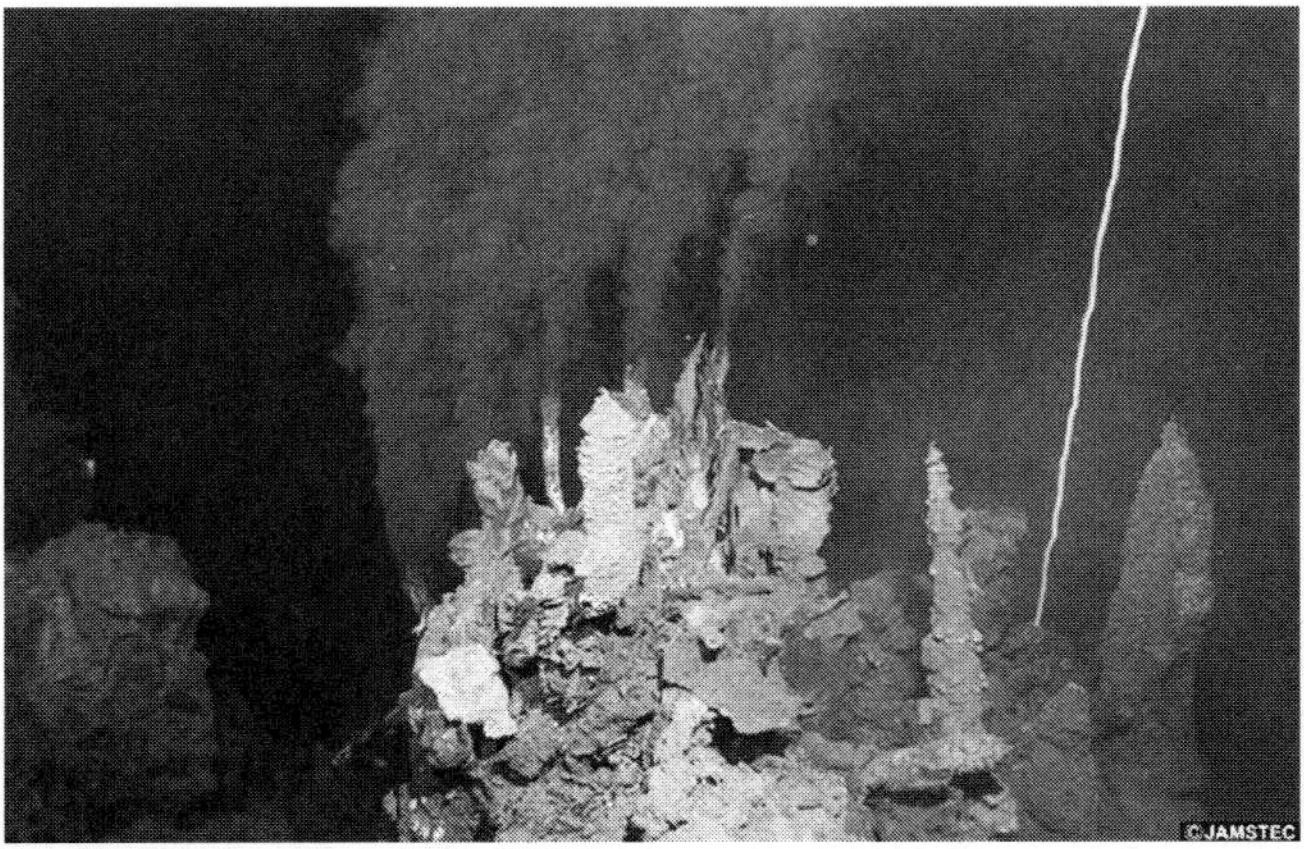

図2-4　熱水噴出孔 ©JAMSTEC

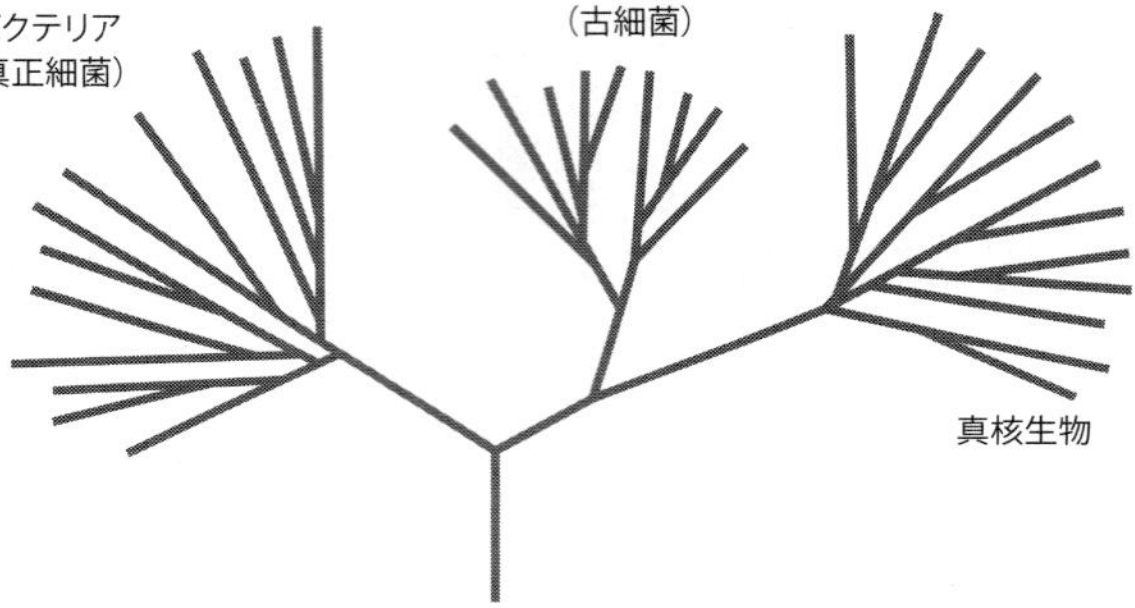

図2-5　生命の系統樹

エビやカニ、イソギンチャク、チューブワームなど多様な、そして独特な生態系が熱水噴出孔の周辺に確認され、新種の生物も次々とみつかっています。

光の届かない深海で、これらの生命は何を栄養としているのでしょうか。熱水には硫化水素やメタンなど還元的な物質が含まれ、深海の生命はそれらの物質を酸化するときに生じる化学エネルギーを利用しています。深海にいるメタン菌や鉄酸化細菌などは、化学反応から有機物をつくる独立栄養微生物です。また、熱水噴出孔にいるエビやチューブワームなどは、それら生態系の一次生産者を食べたり飼ったりしてエネルギーを獲得しているのです。

熱水噴出孔にいる一次生産者の独立栄養微生物のなかには、超好熱アーキア（古細菌）もみつかっています。超好熱性のアーキアは生命の系統樹の根っこにいることも、生命が海底の熱水噴出孔で誕生した可能性を後押ししています（図２‐５）。

原始の地球で、マグマオーシャンが冷え固まって海ができはじめた頃、海底のマグマ活動は今とは比べ物にならないくらい活発だったと考えられます。そのような時代には、海底のあちこちで熱水噴出孔から熱水が湧き出ていたことでしょう。熱水噴出孔から水素や二酸化炭素が常に供給され、鉱物表面や金属元素を触媒として有機物の合成が進み、なかには高分子など複雑化していったものもあるかもしれません。

生命の材料が揃った環境で、熱水からは硫化水素やメタンなどの還元的な物質が絶え間なく届き、原始的な化学合成生物の誕生にとっては格好の環境だったといえます。

陸上の温泉地帯は生命にとって都合がいい

生命が深海の熱水噴出孔で誕生したという説には一つ大きな問題点があります。それは、有機物が合体して複雑化していくには水が邪魔になるのです。アミノ酸が合体してタンパク質をつくるのは脱水反応であって、反応により水分子を吐き出す必要があります。そのため、有機物の化学進化は水の中では起きにくく、乾燥状態が必要だと考えられるのです。そこで登場するのが陸上温泉説です。

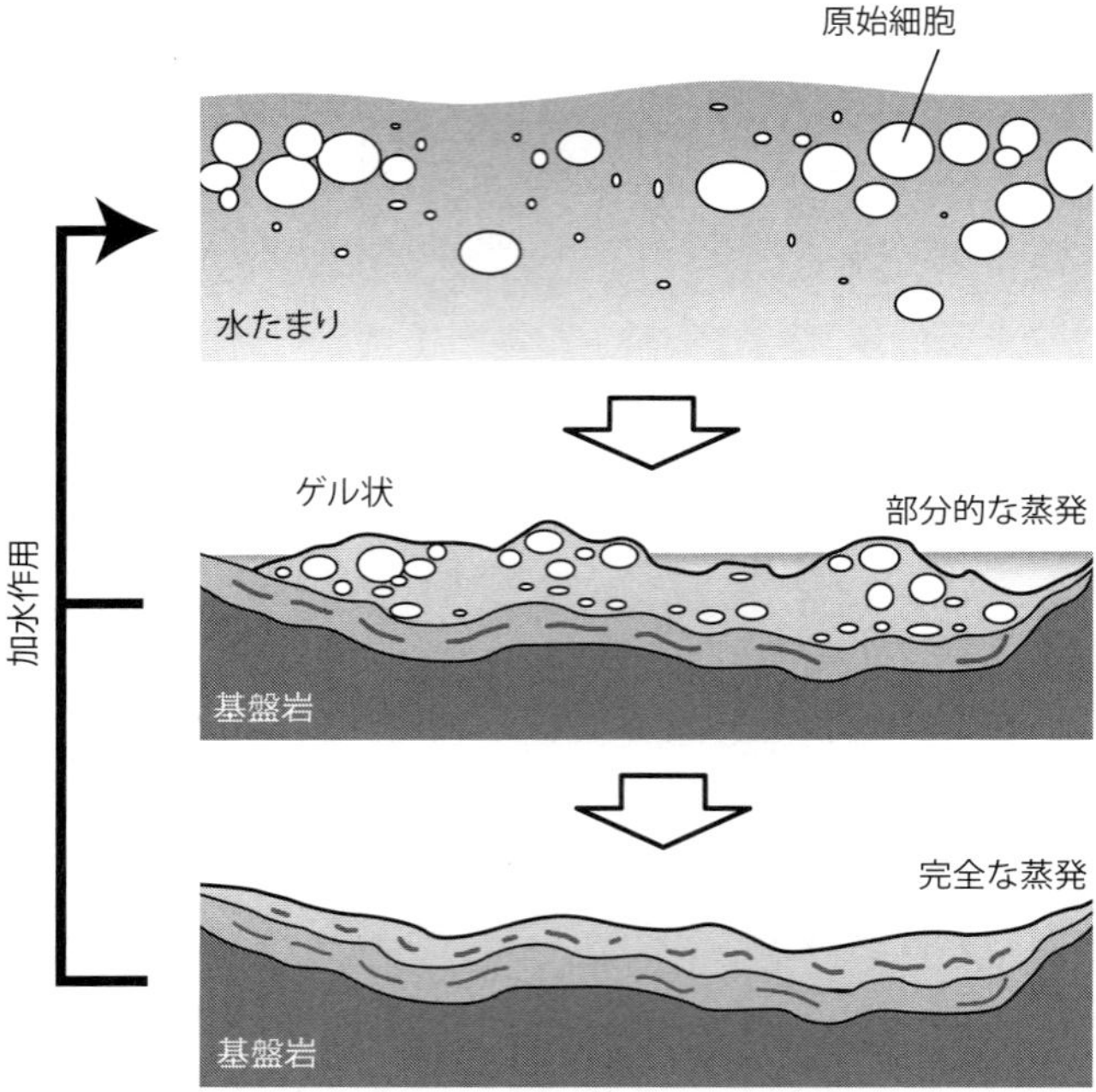

図2-6　陸上温泉地帯での乾燥と加水の繰り返し(Damer and Deamer 2020にもとづく)

生命の誕生には水がないといけませんが、ありすぎても困るため、適度に乾燥したり水が供給されたりする陸上の温泉地帯や干潟のような場所が最適だという考えです。温泉地帯や干潟の水たまりでは、蒸発乾燥することで有機物の脱水縮合が進むとともに、有機物が濃集した原始のスープのなかから生命が誕生したという考えです（図2-6）。温泉に行くと、浴槽がヌメヌメしていたり、析出物が付着していたりします。それらは、微生物の集まりやその分泌物からできているように、温泉の水に溶けている成分を食べる好熱性の微生物がわんさか集まっています。

表2-1に示したように、海水の組成はナトリウムがカリウムよりも多いのに対し、生物ではナトリウムとカリウムが同程度、もしくはカリウムの方が多い場合があります。温泉地帯の蒸気にはカリウムが多く含まれることもあります。そのような蒸気が冷却され水が溜まったところは、化学組成的にも生命の組成に近くなると考えられています。また、大陸の岩石には生命の必須元素であるリンが多く含まれます。岩石の化学風化によってリンが溶け出し、陸地の水たまりに多く供給されることも、陸上温泉説が深海熱水説より有利な点として挙げられます。

といっても、陸上温泉説の問題もないわけではありません。約45億年前に海ができてから40億年前に陸ができはじめるまでに約5億年もあります。そのあいだに生命進化が何も起きなかったとは考えにくいです。また、大陸ができはじめた頃は、陸地はほんの少ししかなかったため、生命誕生の場は限定的で、その後の爆発的な発展に貢献できたかは微妙なところです。

深海熱水説の問題であった有機物の脱水縮合は、二酸化炭素が超臨界状態になると解決できるとのモデルもあります。また、海底の地層の中には隙間がたくさんあって、そのようなところで地層が圧密を受けて有機物が合体する可能性も指摘されています。実際、掘削船によって海底を掘ってみると、地層の中には様々な有機物や微生物がたくさんみつかります。生命の誕生がどちらの場なのか、それともそのどちらもなのか、現在も議論が続いています。

生命は宇宙からやってきたのかもしれない

生命誕生のもう一つの可能性として挙げた「生命が宇宙から運ばれた」とのパンスペルミア説は、地球上で生命が誕生する問題を一気に解決してしまうため、根強い人気があります。実際に隕石や小惑星のサンプルからもアミノ酸や有機物がみつかっています。そのため、宇宙空間に生命の前駆物質があることは間違いありません。では、生命そのものはどうでしょうか。

超真空状態の宇宙空間では液体の水は存在できません。そのため、小さな隕石や小天体で生命が発生するのは難しいです。しかし、火星のような比較的大きな惑星だったらどうでしょう。太古の火星には、地球と同じように海があった可能性があることを先に説明しました。火星は地球よりも小さい惑星であるため冷却するスピードが速く、海の誕生やプレートの運動など、生命が誕生する環境が地球よりも早い段階で整えられていたのかもしれません。火星や他の惑星で先に誕生した生命が、小天体の衝突によって撒き散らされ、隕石にのって地球に運ばれてくるのも、案外あり得ない話ではないかもしれません（図２－７）。

宇宙空間を移動するあいだは、宇宙線や超低温状態にさらされるなど、生命にとっては過酷な条件です。しかし、生物のなかには、かなりたくましいものも存在します。気球や観測ロケットによる調査では、地上から数十km上空の大気高層においても、微生物がみつかっています。その中には放射線の耐性をもった微生物もいます。国際宇宙ステーションの暴露実験でも、微生物や胞子などには長いこと生き延びる個体がいることが報告されています。宇宙を漂うあいだは、隕石の中に身を隠し、凍結休眠することでやり過ごした生物がいるのかもしれません。

しかし、生命が宇宙から運ばれたとするパンスペルミア説であっても、地球以外の惑星でどうやって生命が誕生したかには答えてくれません。そうなると、やはり地球上でどうやって生命が

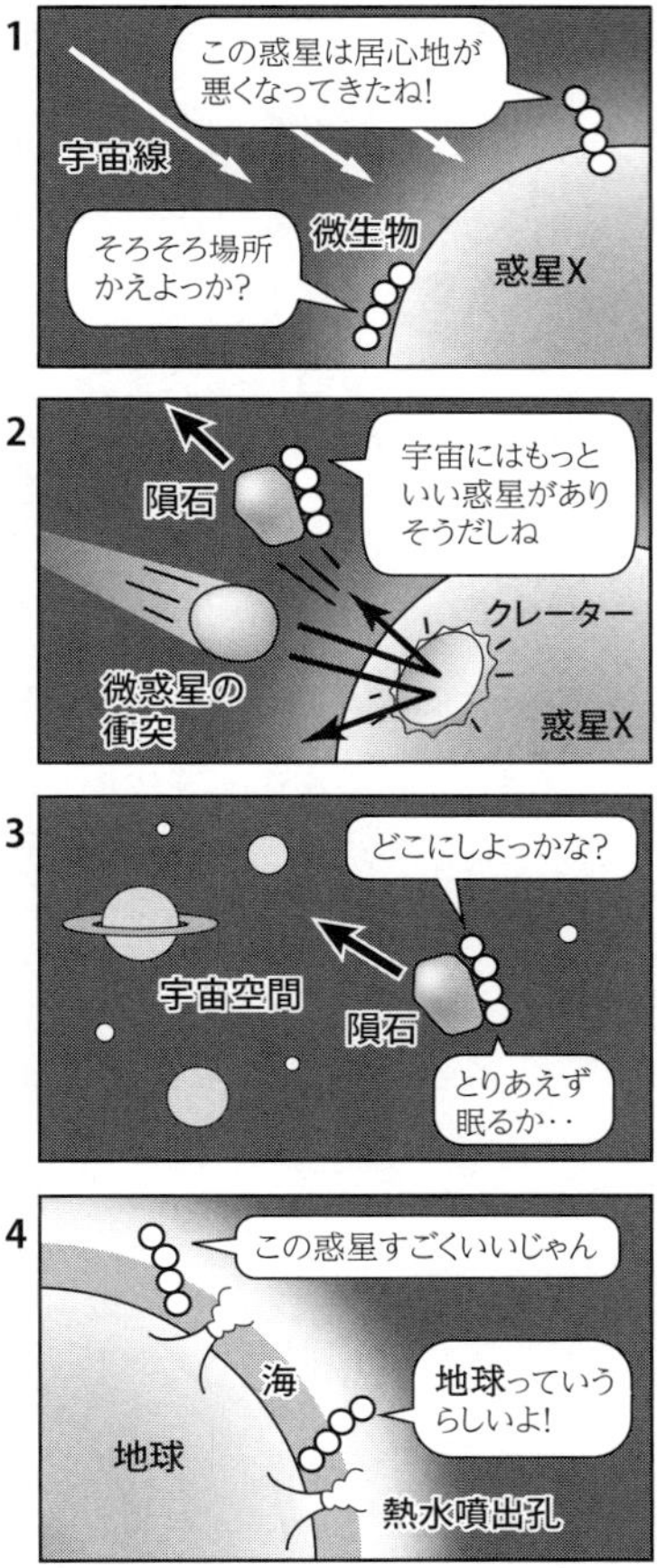

図2-7　パンスペルミア説の4コマ漫画

誕生し進化していったかを調べるのが先決といえます。幸いにも地球のサンプルはたくさんあるわけですから、そこから地球初期の大気や海洋、地層中の物理化学環境を考察していくことが、生命誕生のシナリオにせまる近道なのだと思います。

2-3 生命の進化

海底の地層からみつかった最古の生命

地球史のなかで、顕生代以降は多くの化石がみつかりますが、それ以前の生命の痕跡は時代を遡れば遡るほど少なくなっていきます。地球上で最古の生命の痕跡とされるのは、グリーンランドのイスアにある39億5０００万年前の地層にみつかった炭質物になります。

この炭質物の同位体を測ると、軽い炭素が多く含まれていました。炭素には原子量が12である^{12}C以外にも、中性子の数が異なる同位体がいくつかあります。生物起源の炭素は軽い同位体を選択的に取るため、イスアでみつかった軽い炭素は生物由来の可能性が高いのです。この炭質物がみつかった地層は、海底でできた構造を示すことから、その頃の海では生命活動がすでにあったと考えられています。

少し時代が進んだオーストラリアのノースポールにある35億年前の地層には、生物らしいフィラメント状の炭質物がみつかっています（図２－８）。この炭質物も明らかに軽い炭素の同位体を示すことから、やはり生物由来であるとされています。そして、その形状は現世にもいるシアノバクテリアに似ていることから、浅い海で、しかも太陽光による光合成をする生物が、この時代にすでに出現していたと報告されたのです。

ところが、東京工業大学のグループが中心となってこの地域を詳しく調査してみると、この微化石を含む地層は浅い海で堆積したものでなく、深海で堆積した地層であることがわかりました。ノースポールの地層は、中央海嶺の拡大軸周辺でできたもので、熱水の通り道、すなわち熱水噴出孔の周辺に微化石がたくさん確認されました。このことは、地球初期の生命の活動場は熱水噴出孔の周りで、水と岩石の化学反応からエネルギーを獲得する化学合成生物であったことを示唆しています。

この深海説を唱えた東工大グループは、私

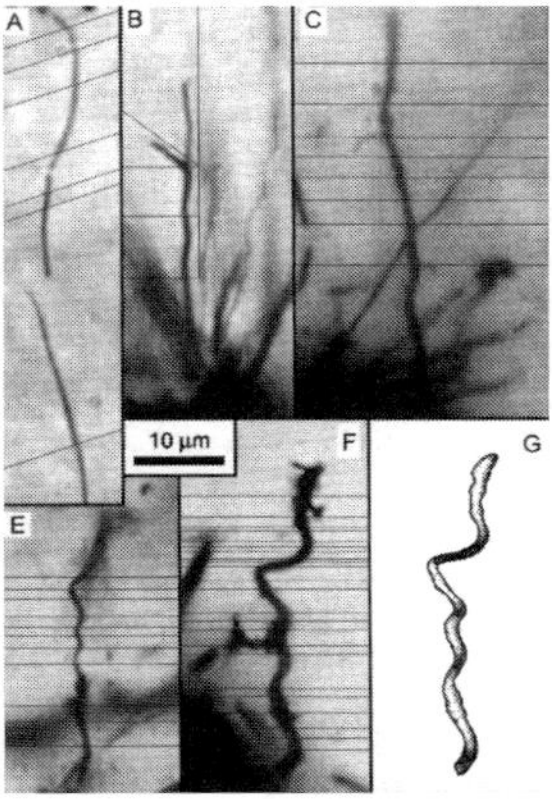

図2-8　ノースポールでみつかったフィラメント状炭質物
(Ueno et al. 2001)

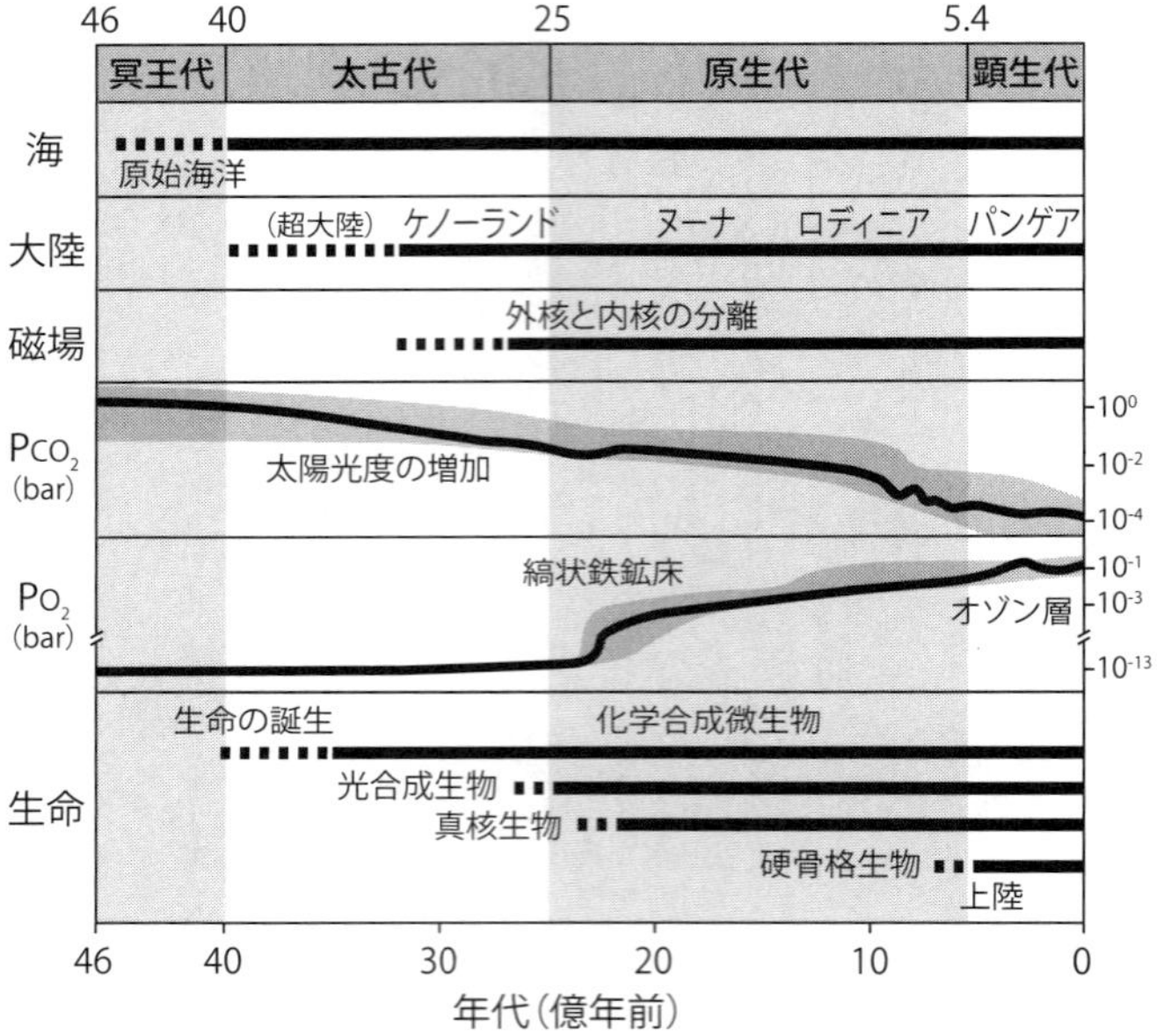

図2-9　地球史の年表

が在籍した研究室になります。研究室の教授である丸山茂徳は、膨大な量の論文精査から斬新なアイデアを展開するカリスマ的存在で、当時の研究室には血気盛んな若手研究者や学生が多く集まっていました。そんな人たちとの議論は尽きることがなかったのですが、お酒が入ると大変で、酔いが回ると修羅場となることもしばしばありました。今だったら大変な騒ぎになっていたと思います。

話を戻して、初期地球での表層環境と生物の関わりを整理すると、海は45億年ほど前にでき、海底では活発な熱水活動が起きていました。熱水噴出孔の周りでは、水と岩石の反応による化学エネルギーがたくさん生産されていました。そのようなエネルギーを利用する微生物が40億年前頃には誕生し、光の届かない深海で活動を始めました。40億年前には大陸ができ始めますが、生物は宇宙線などの影響で危険な浅い海や陸地へ移動することなく、深海の熱水噴出孔の周りで進化を続けていたのでしょう（図2－9）。しかし、27億年前ごろになると、ダイナモ運動によって地球磁場ができ、太陽風や宇宙線など生命にとって有害な物質が遮られることで、生物は大きな進化を遂げることになります。

海の中で発生した光合成をする生物

フィラメント状の微化石がみつかったノースポールより200㎞ほど南にいったハマスリーには、27億年前の地層が広がり、ここではシアノバクテリアがつくったストロマトライトがみつかっています。ノースポールの地層は深海で堆積したため、光合成を行うシアノバクテリア由来ではなかったのに対し、ハマスリーの地層は浅い海で堆積した構造を残していました。この時代には生物は浅い海まで移動し、酸素を発生する光合成を行う原核生物にまで進化していたのです（図2－10）。シアノバクテリアは葉緑体の祖先とされ、その後の生物の進化や、酸素を発生するこ

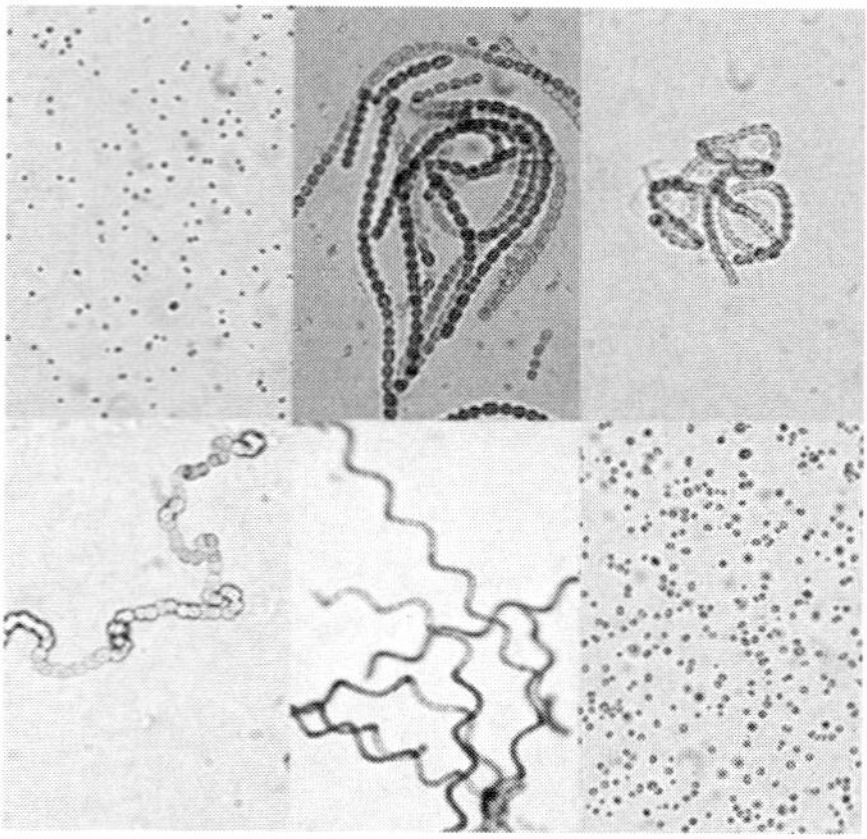

図2-10　現生の様々なシアノバクテリア(園池 2018)

とで地球表層環境にも大きな影響を与えました。

光合成は水と二酸化炭素から有機物をつくる反応です。その際に排出物として酸素ができます。有機物を分解する酸素は、それまで生物にとって有害なものでしたが、地球表層に満ちあふれる水と二酸化炭素、そして太陽の光エネルギーを利用するため、生物は酸素と共存する道を選んだのです。しかし、太陽から届くのは光だけでなく、生物にとって危険な高エネルギー物質も降り注いでいたのに、どうやって生物は浅い海まで進出することができたのでしょうか。そこには、生物活動とは一見関係のないようにみえる地球内部の変動が関わっています。

地球の中心にある核は、地球内部の温度が高かった頃は、すべて液体の状態でした。固体の内核ができはじめたのは、ちょうど生物が浅い海へ進出しはじめた27億年前頃といわれています。内核ができると液体である外核の対流が活発化し、金属の対流が生み出す電流によって地球磁場が発生しました。

　そうすると、地球はある意味一つの大きな磁石となって、磁気圏というバリアで地球を覆いました。地表には太陽風や宇宙線などが届かなくなり、生物が浅海へと移動することができたのです（図２－11）。なお、オーロラは地球磁気圏の電子が電離層に降り込むことによって生じる現象で、主に極域でしかみられないのはそこに磁力線が集中しているためです。

　光合成生物によって地球表層に酸素が供給されると、海水に溶け込んでいた還元鉄が酸化され、大量の鉄鉱物が世界中の海に堆積しました。25億年前から20億年前の地層には、数百mの厚みをもった縞状鉄鉱層（ＢＩＦ：Banded Iron Formation）があり、現在私たちが利用している鉄資源の多くはこれらの地層から採掘し

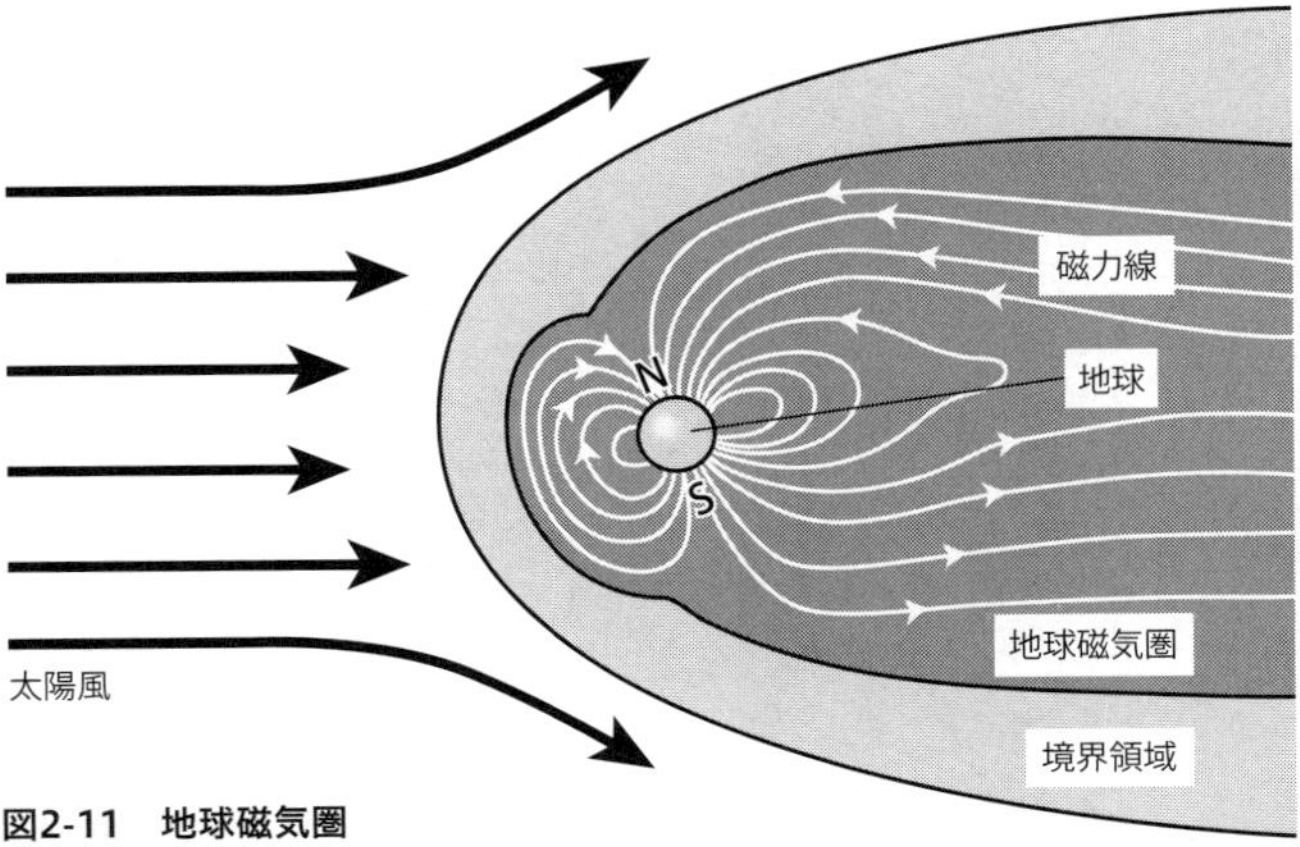

図2-11　地球磁気圏

たものです。

海水中の鉄が少なくなってからも酸素は供給され続け、海のなかの酸素濃度は高くなっていきました。そうすると、生物はこれまで有害であった酸素を逆に利用するようになったのです。酸素呼吸を行う真核生物の登場です。酸素呼吸は、生物のなかにある有機物を酸化分解することによってエネルギーを得るシステムで、それまで生命が行ってきたなかで最も効率のいいメカニズムでした。そのような新たな代謝機構を獲得した生物は、その後に爆発的な進化を遂げることになります。

海から陸上へと進出した生物

約40億年前に誕生した生命は、その長い歴史のなかの大部分において、海の中で進化を続けました。酸素呼吸を獲得した生物は、光が届き酸素の豊かな浅い海で繁栄し、約6億年前には多細胞生物が出現して生物がどんどん多様化していきました。

顕生代に入ってからの生物の進化は、カンブリア爆発と呼ばれ、節足動物や海綿動物、脊椎動物の祖先などが次々と現れました。海のなかは様々な生物であふれ、なかには他の生物を捕食する大型の生物もでてきました。一方で陸上は、まだまだ有害物質に満ちあふれ、生命にとっては過酷な環境が続いていました。

しかし、5億年前頃になって、ついにいくつかの生物が陸上に進出しはじめます。海の中での光合成生物により水中の酸素濃度が上昇していくと、大気中の酸素濃度も徐々に増えてオゾン（O_3）がつくられます。そうやってできたオゾン層が地球全体を覆うようになると、それまで地上に届いていた有害な紫外線がオゾン層によって遮られ、生物が海から陸上へと進出する準備が整ったのです。1980年代にフロンガスの放出によるオゾン層の破壊が明らかとなり、大きな問題となったように、宇宙からの有害物質を防いでくれるオゾン層は、陸上生物にとってなくてはならない存在なのです。

最初に上陸したのは苔類で、浅い淡水域にいた藻類から進化したといわれています。植物は維管束によって水分を体内に運ぶしくみを手に入れ、生命にとって不可欠な水を保持できるようになりました。上陸した植物は、太陽の光に恵まれた陸上で活発な光合成を行い、生息範囲を拡大し、それまでハゲ山だった陸地は、あっという間に植物に覆われていったことでしょう。

少し遅れて動物では、昆虫の祖先となる節足動物が上陸し、脊椎動物では魚類から進化した両生類のなかまが現れました（図2－12）。両生類は、皮膚や肺呼吸を発達させましたが、水辺からはなかなか離れられず、産卵は水中に限られました。その後、爬虫類や哺乳類の祖先が、乾燥から守られる羊膜と殻をもつ卵を産めるようになり、大陸内部へと進出していきました。

生物が陸上に進出した時代には、大陸の割合はすでにだいぶ増えており、海洋に比べて熱容量の小さな陸地では、暖まりやすく冷えやすいことで気候の変動が大きかったと想像できます。陸上生物は、そのような激しい環境変化に対応するために複雑化し、地上での活動範囲をどんどん広げていきました。

生物は複雑な機能を持つことで、より大型に、そして特殊化していきます。石炭紀の陸上には数十メートルの高さにもなるシダ植物がそびえ、ジュラ紀には大型爬虫類である恐竜が繁栄しました。海の中でも進化は続きますが、陸上の新たな環境で生命維持機能を獲得した生物は、その多様性をどんどん増して今日の生物圏へと発展しました。といっても、海の中で生まれた生命は、陸上に進出しても水分を体内に保持しており、「水」はいつまでたっても不可欠な要素に変わりありません。

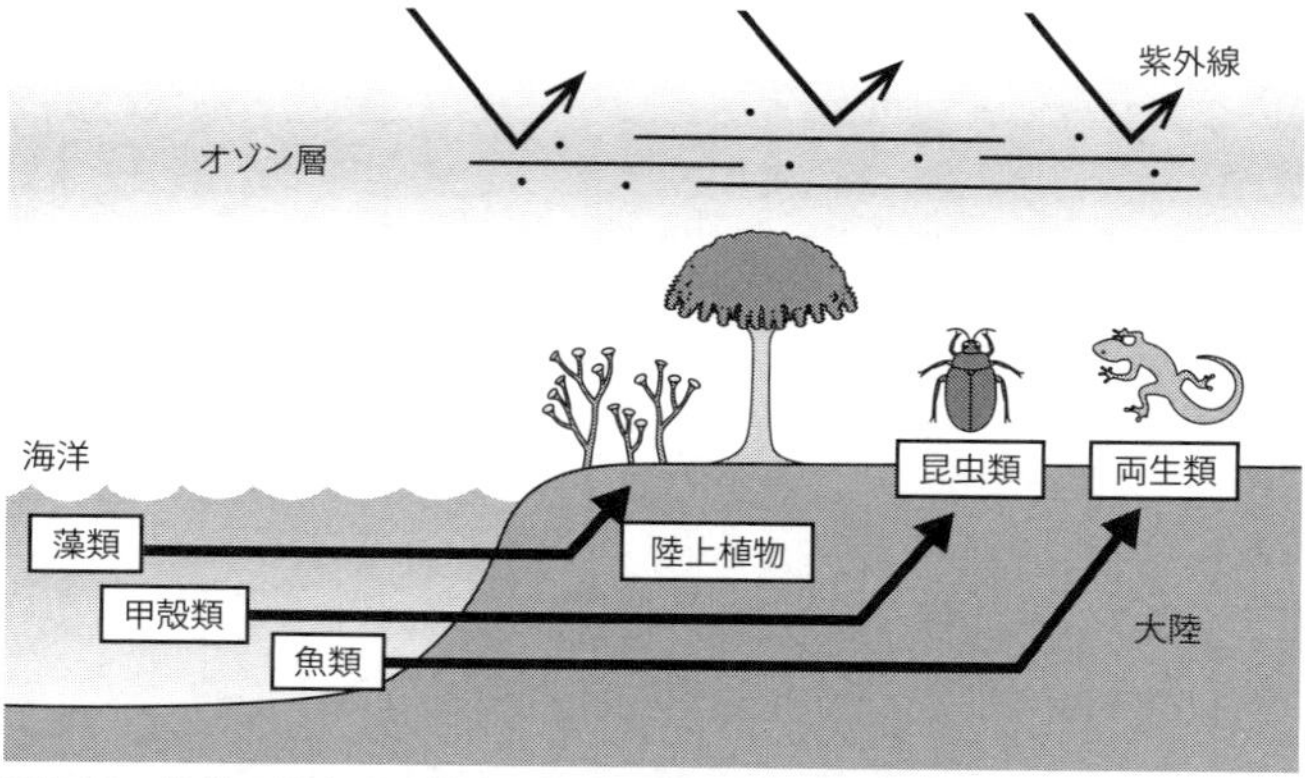

図2-12　生物の陸上への進出

コラム2

海底地下生命圏の広がり

光合成生物の出現によって地球表層環境が大きく変わるなか、もともと酸素の少ない環境で進化してきた嫌気的な生物は、酸素が届かない海底の堆積物中に逃げ込むしかありませんでした。現在でも、海底下の堆積物中には、水素と二酸化炭素からメタンをつくるメタン菌や、メタンを硫酸で酸化してエネルギーを得る嫌気的な微生物がみつかっています。光の届かない海底の、さらにその下の堆積物や岩石の中にも、数と種類でいったら陸上や海洋に匹敵する、もしくはそれ以上の微生物がいると考えられています。

海底下の微生物の数は、深さとともに少なくなっていきますが、室戸沖の海底下1200mの地層には1立方センチメートルあたり400個程度の細胞がみつかっています。温度が約100℃にも達し、圧力もかなり高い過酷な環境であっても、有機物が熱で分解される際に生じる酢酸を利用した超好熱性の微生物がいます。

これらの微生物は、岩石の隙間に集団で身を隠し、水と岩石の非生物学的な反応からできる物質やエネルギーを得て静かに暮らしています。岩石の隙間がすべてつぶれてしまえば、もはや生物は生きていけませんが、海底下の地殻やマントルにも局所的に割れ目があり、海底とつながっています。もしかすると、私たちの知らない未知の生命圏が、海底下のもっと深いところにまだあるのかもしれません。

火星の地表は、液体の水がなく磁場にも守られず、生命がとても住める環境ではありません。しかし、火星の地下には今でも水がある可能性がありますし、地下深くでは温度の上昇によって水と岩石の反応が現在も起きていると考えられます。そのような環境で、地球の海底下にいるような微生物が生息していてもおかしくありません。

また、エウロパやエンセラダスなど氷衛星の内部海では、熱水噴出孔の周りに水と岩石の反応をエネルギーとした化学合成微生物がいることも十分ありえます。地球の海底下での、微生物の生息環境やエネルギー代謝を理解することは、これら地球外生命の探索に役立つ日がきっと来るのだと思います。もしかすると、かなり近いうちに。

第3章 地球表層での海の役割

海や陸地から蒸発した水蒸気が雨や雪となって降るように、地球表層での水循環は私たちの生活とも密接に関わっています。また、大気中の二酸化炭素の増加により、地球温暖化が進むという問題にも直面しています。その一方で、長期的な時間スケールでは、グローバルな炭素循環によって大気中の二酸化炭素が調整されています。そのことで、地球史を通じて気候が安定的に保たれ、海が持続的に存在することができたのです。本章では、地球表層での水の役割や、水や炭素の循環を紹介します。

3-1 大気と海の関わり

ユニークな地球の大気組成

地球の大気組成は、太陽系の他の惑星とは大きく異なります。木星や土星の大気は水素やヘリウムからなり、金星や火星では二酸化炭素が主な大気成分であるのに対し、地球の大気は主に窒素と酸素からなります（図3－1）。二酸化炭素も若干含まれていますが、その量は地球全体からするとほんのわずかで、0・03％にしか過ぎません。

地球型惑星は、星間雲からチリが集まって誕生し、同じような化学組成をもつことを1章で説明しました。惑星の固体部分のみならず大気成分も似たような組成をもつことは、金星と火星の大気が似ていることとも整合的です。では、なぜ地球だけが他の惑星とは違う大気組成をもつに至ったのでしょうか？　それは地球を特徴づける海や生命活動が原因です。

地球でも、形成初期には大規模な火山活動によって、大気は主に二酸化炭素が主体で、金星や火星と同じだったと考えられます。しかし、地球は長期間にわたり海で覆われていたため、水への溶解度が高い二酸化炭素は海に吸収されました。また、光合成生物が出現することで、大気や海水中の二酸化炭素が酸素に変換され、現在の大気組成へと変化していったのです。

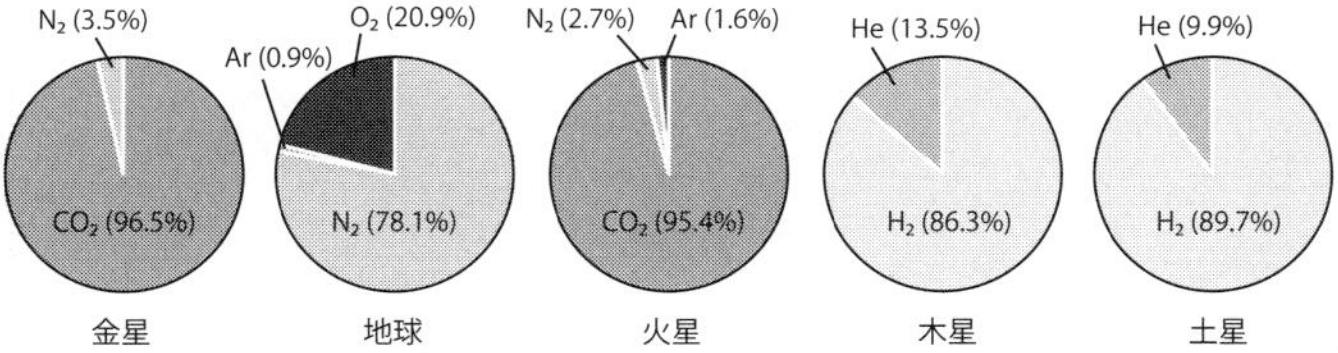

図3-1　太陽系惑星の大気組成

水蒸気をたっぷり含む大気下層

地球を取り巻く大気の層である大気圏は、いくつかの領域に分けられます（図３‐２）。大気は上空にいくにつれて希薄になり、宇宙空間へとつながっています。地球と宇宙の境界は連続であるためその定義は難しいのですが、大気圏はおよそ１００km上空までとされています。宇宙探査機が地球に帰還する際には、高度１２０kmくらいから大気による機体の加熱がはじまるそうです。

水蒸気とオゾンを除いた大気の組成は高度によってあまり変化しません。水蒸気は、そのほとんどは最も下層の対流圏に存在し、オゾンは成層圏に多く存在します。対流圏と成層圏のあいだにはコールドトラップとよばれる低温領域があり、水蒸気は凝結してそれより上の宇宙空間へは

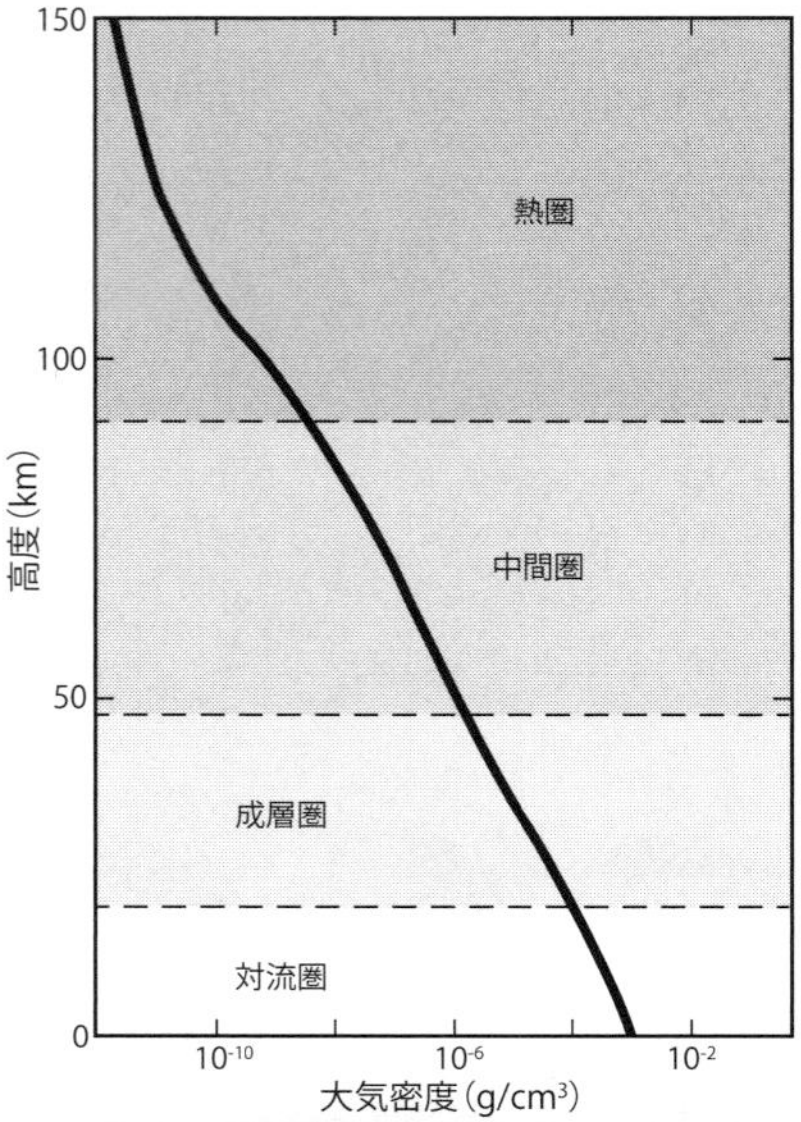

図3-2　大気圏の構造と大気密度の鉛直分布

逃げていきません。

対流圏では、太陽の熱によって海水は蒸発して上空で雲となり、雨や雪となって再び陸や海に戻っていきます。とくに赤道周辺では、一年を通して海水面が暖められ、雲が盛んに発生しています。そのような低緯度地域でできた暖気はハドレー循環によって中緯度地域に運ばれ、緯度方向での熱輸送を担っています（図3-3）。

また、熱帯の海域では海面水温が高いため、水蒸気を多く含んだ上昇気流が発生しやすくなります。そこでは、台風やハリケーンの種が頻繁につくられています。このような地球を特徴づける大気の循環や気候の安定性は、いずれも大気と海との相互作用の結果です。

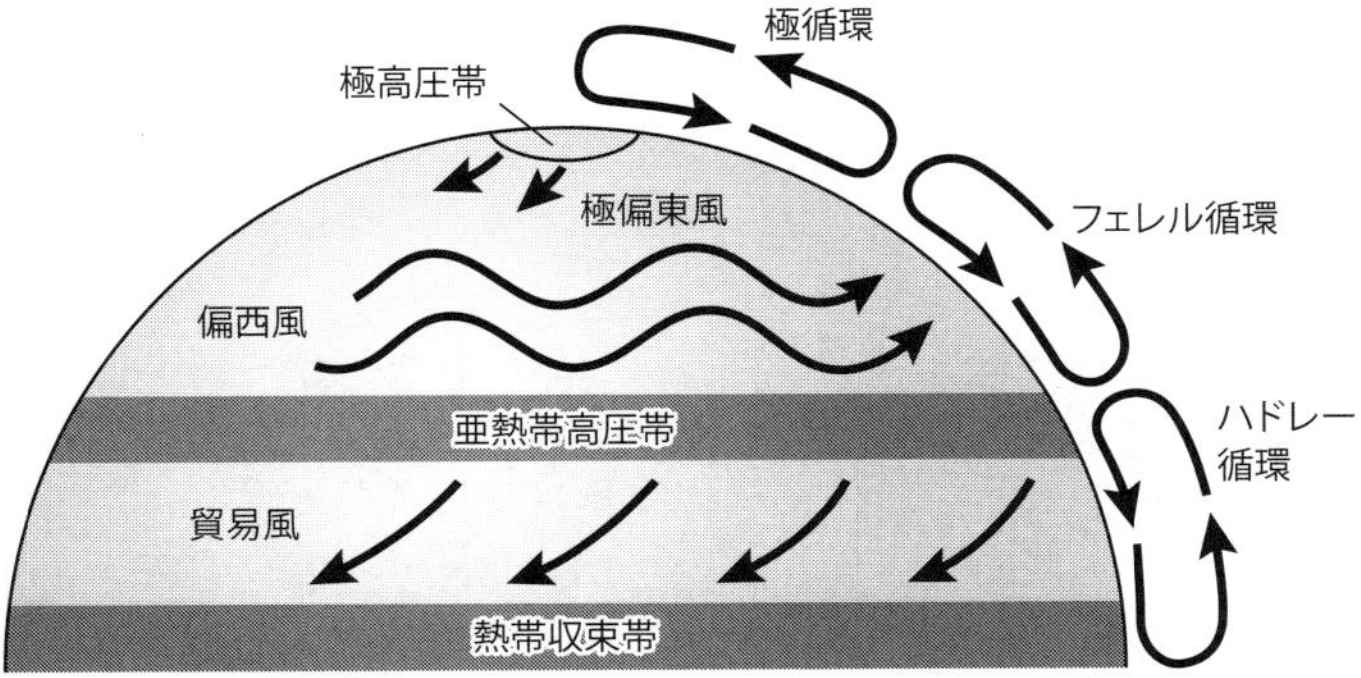

図3-3　大気の大循環

すっぱい海水から塩辛い海水へ

海水の組成も、大気と同じように、今と昔では大きく違っています。地球初期には、大気中に火山性の塩酸ガスや二酸化炭素が多く含まれていたため、海水にはそれらの成分が溶け込み、すっぱい海水だったと考えられています。そのような酸性の海水は岩石を溶かし、岩石からマグネシウムやカルシウム、鉄などの金属イオンが海水に溶け出しました。

大陸が出現すると、雨水によって風化された地殻の岩石から、ナトリウム、カルシウムやカリウムが溶け出し、河川によって海に運搬されていきました。その後、海水中のカルシウムなどは二酸化炭素と反応し炭酸塩鉱物となって沈澱しました。鉄は光合成生物によってつくられる酸素により酸化鉄として海水中から除去されました。このように海水の組成は時代とともに移り変わり、現在のような塩辛い海水へと変化していったの

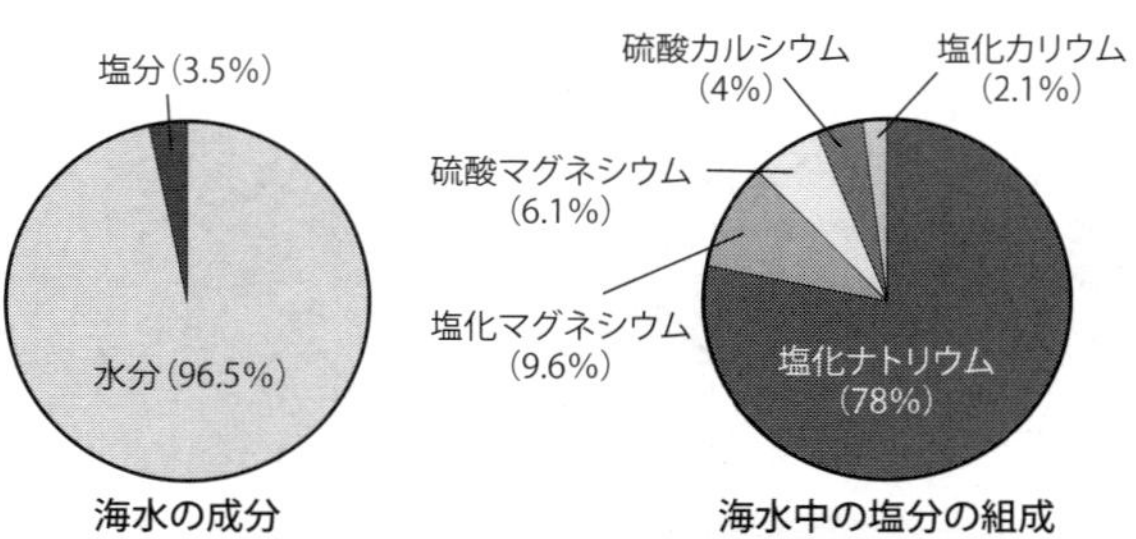

図3-4　海水の成分と海水中の塩分の組成

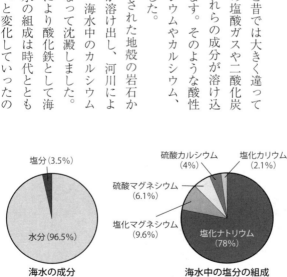

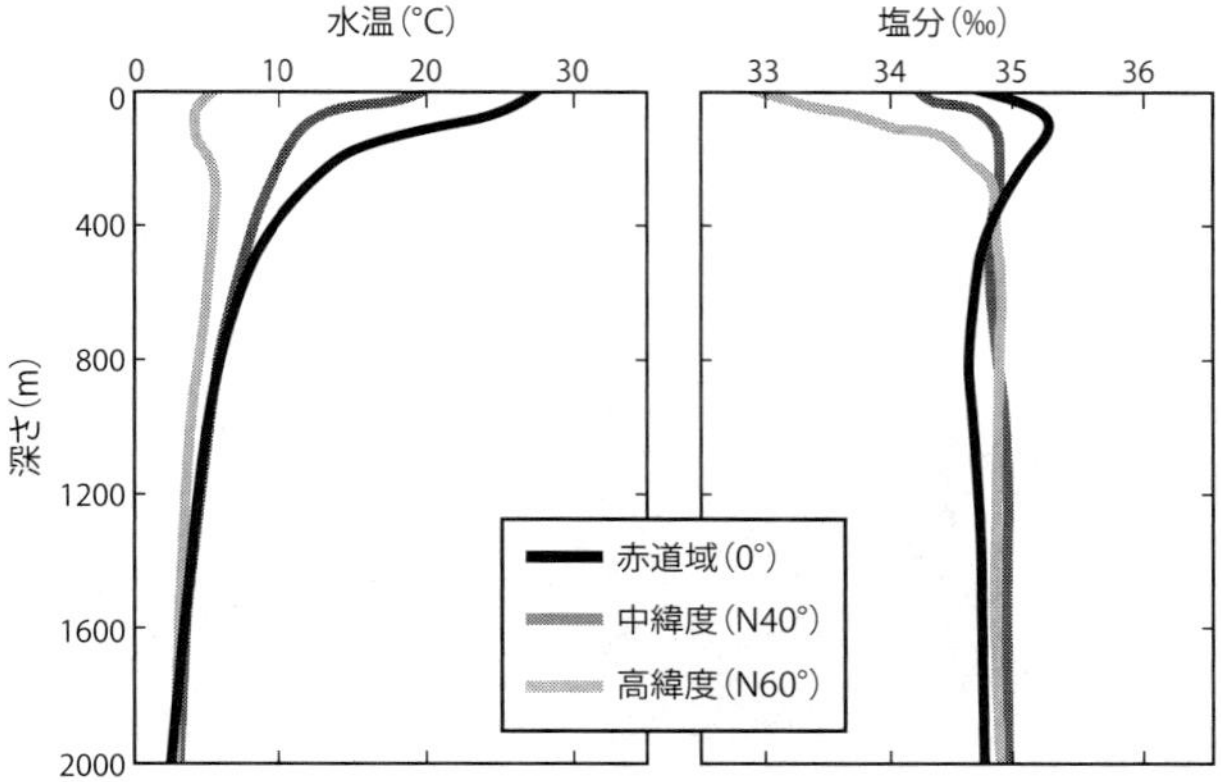

図3-5　海水の水温と塩分の深さのプロファイル

です（図3－4）。

海洋のなかはよくかき混ぜられ、ほぼ同じ組成になりますが、地域や深さによって多少のばらつきがあります（図3－5）。大気の影響を受ける海洋表層部では、低緯度地域では海水温が高いため蒸発によって塩分（濃度）が高くなり、高緯度地域では逆に蒸発が抑えられて塩分が低くなります。水深が深くなると地域性は小さくなっていき、温度や塩分は似たような値に落ちつきます。

深海で海水の温度があまり変わらないのは、水が温まりにくい性質を持つからです。海洋全体の熱容量は大気全体の熱容量の約1000倍にもなるといわれています。このおかげで、地球全体の気候はおだやかに調整され、生命にとって居心地のいい環境が維持されているともいえます。

私たちが参加したマリアナ海溝の調査でも、海

図3-6　マリアナ海溝付近でのCTDセンサーの投入

水の温度や組成の深さの変化を調べました。どうやって測るかというと、ワイヤーケーブルの先端に計器がついているＣＴＤセンサーというものを海に投げ込んで、深さとともに変化する様子を計測します（図３－６）。水温は温度計から読み取り、海水の塩分は電気伝導度から算出します。理科の実験でやったように、水に溶け込む塩の量によって電気が流れやすくなる性質を利用するのです。これらの計測は海水の特性を調べるだけでなく、海底の深さを正確に調べることにも役立ちます。

水深の測り方は、昔は錘《おもり》のついたロープを海に投下して測っていました。しかし、現在では音波を使った計測が主流です。船から海底に向かって音波を発信し、海底からはね返ってくるまでの時間を計測して、水深を求めます。例えば、音波を出してから戻ってくるまで８秒かかったとすると、その半分の４秒が片道で、海水の音速である１５００ｍ／ｓを掛けると水深は約６０００ｍとなるわけです。ただ、海水の音速には水温や塩分も影響します。そのため、CTDセンサーで計測した海水の特性が、水深を正確に測定するのに役立ちます。そうやって、マリアナ海溝の深さは10984mであり、地球上で最も深いということがわかったのです。

地球をめぐる海流

日本のまわりに親潮や黒潮があるように、海の表層には海流と呼ばれる強い流れがみられます。そのような海流がぶつかるところは、いい漁場になっているのをみなさんもご存知だと思います。

海流の向きと強さは、海面上を吹く風と地球の自転によって決まります。地球の自転が作用するのを意外に思われるかもしれませんが、回転運動している環境下にある物体には、移動する方向とは直角の向きに慣性力が働きます。そのような力のことを転向力（コリオリの力）といい、自転している地球上を移動する大気にも働きます。

海上では、赤道付近で暖められた大気が上昇し、ハドレー循環によって中緯度に向かって熱を運びます。そのとき、北半球では転向力によって右向きの力を受けるため、大気上層では西から東へ向かう風が生じ、下層におりてきた大気は東から西向きの風となって赤道に向かいます。そのような赤道付近にみられる東から吹く風のことを貿易風といいます。

一方、中高緯度では、回転半径が小さいためスピンが強まり、大きな転向力によって海上から上空まで西から東に向かって偏西風が吹きます。これらの海面上を吹く風と地球の自転によって、北半球では主に時計回りの方向に、南半球では反時計回りの方向に海流が生じます（図3－7）。その流速は時速7㎞ほどで、日本から漂流しておよそ1年後にアメリカ西海岸にたどり着いたという話もあるくらいです。

ペルー沖の海面水温が平年に比べて高くなることが数年に一度あり、エルニーニョ現象と呼ばれ、グローバルな気候にも影響を及ぼすことが知られています。赤道付近では貿易風によって、海上の暖かい海水が西向きに流れ、ペルー沖では冷たい海水が湧き上がってきます。しかし、なんらかの影響で貿易風が弱まると、赤道太平洋の西側にあっ

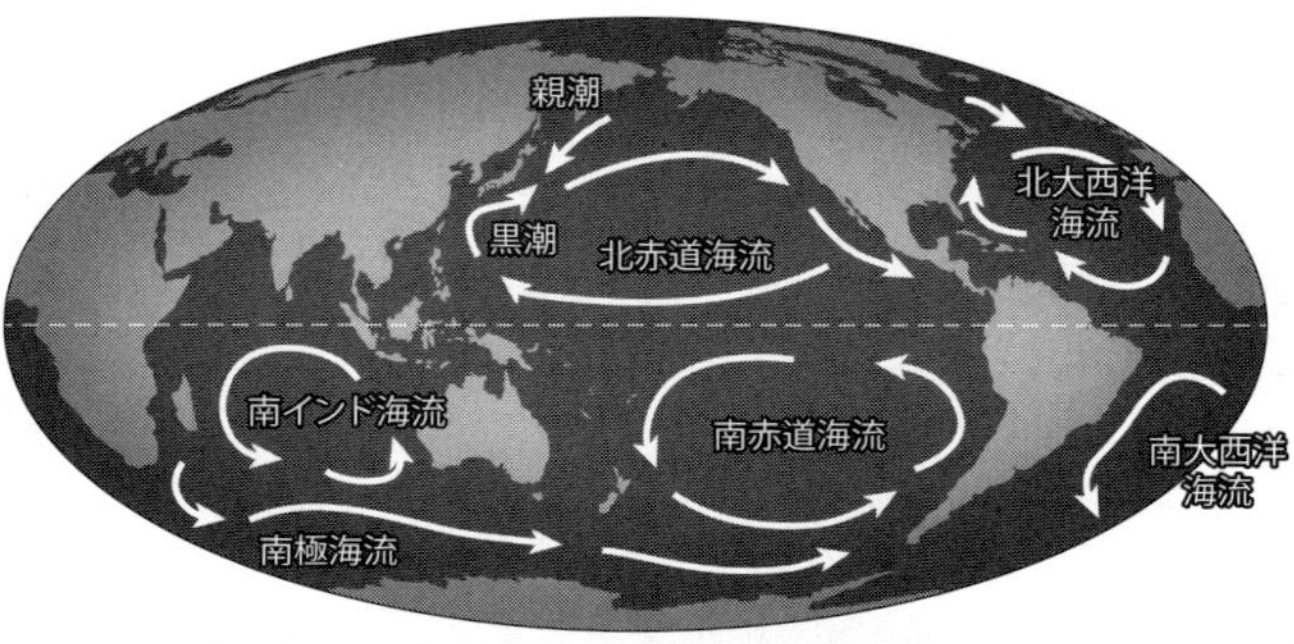

図3-7　海洋表層における海流の流れ

た暖水域が東側に広がって、ペルー沖の海面水温が上がるエルニーニョ現象が発生するのです。水温がわずかに変化しただけでも、海洋が大気に与える影響はとても大きいため、大気の流れが大きく変わって世界中の気候にも様々な影響が生じます。

熱と塩による大規模な海洋循環

海洋は、表層と深層のあいだで鉛直方向の循環もしています。海水の密度は、温度と塩分によって変化し、冷たく塩分（濃度）が高いほど重たくなります。そのため南極や北極周辺にある冷やされた海水は重くなり、深層へと沈み込んでいきます。また、極域で氷ができる際に、塩は氷に溶け込まないため、海水中の塩分が高くなり密度が増す効果も加わります。

そのような海水の大規模な循環は熱塩循環と呼ばれ、暖かい海水を高緯度側へ、冷たい海水を低緯度側へ運んでいます（図3－8）。もし海洋の深層循環による熱輸送が止まったら、地上での気温の南北差はもっと大きくなります。海洋の深層循環は熱だけでなく、様々な溶存物質の輸送も担っているので、海水中の植物プランクトンや魚にも影響がでます。

このような大規模な海水循環は、比較的ゆっくりとした時間スケールで起こります。その速度は1時間に数mくらいで、表層の海流にくらべずっと遅いのが特徴です。北大西洋で沈み込んだ冷たい海水が、海底でゆっくり暖められて太平洋上に上昇するまでに2000年くらいかかるといわれています。

緯度方向での熱輸送を担っている熱塩循環ですが、現在我々が直面している地球温暖化により弱まっている可能性が指摘されています。温暖化による海水温の上昇や、氷床や氷河が融解して海水の塩分が低下すると、高緯度地域の海水の密度が軽くなって沈み込みが弱くなると考えられるのです。熱塩循環が弱まると、熱の吸収が妨げられ、温暖化が助長される一方で、局所的には寒冷化する地域も出るなど、極端な気候が増えると予想されます。そのため、「気候変動に関する政府間パネル」(IPCC)でも、海洋循環はグローバルな気候変動の重要なテーマの一つとして取り上げられています。

3-2 気候の安定化

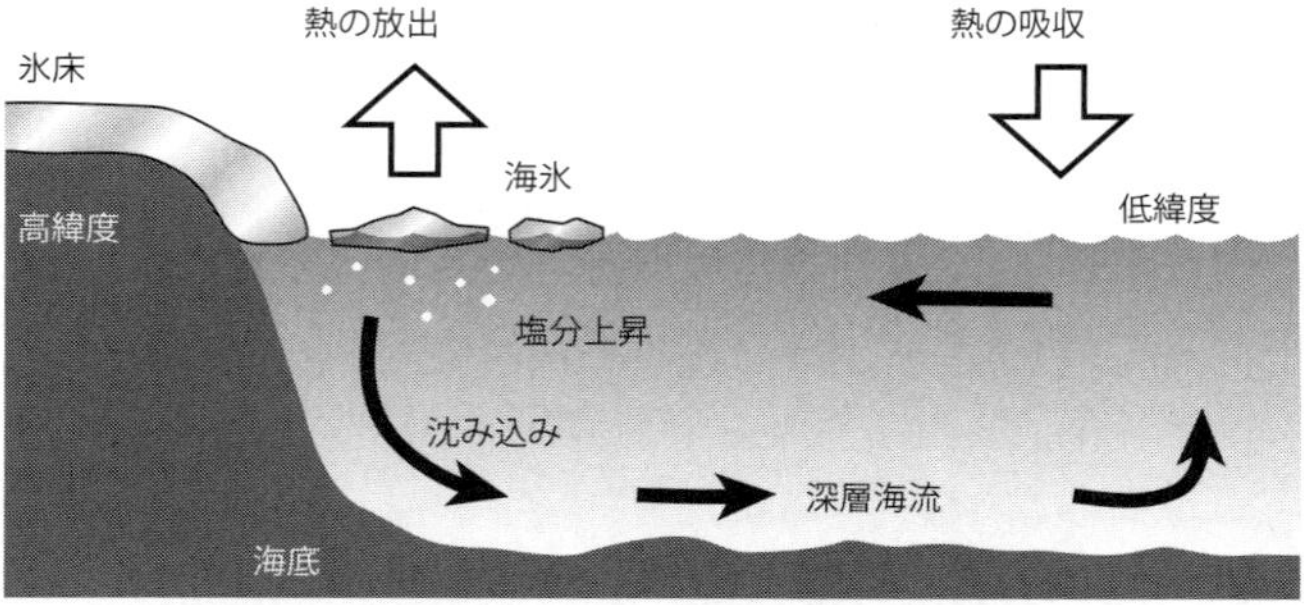

図3-8 海洋の深層循環のモデル

かたちを変えて循環する水

地球表層にある水の総量は14億km^3くらいで、そのほとんどは海水です。私たちが飲んだり生活に使っている陸水は地球全体の水の３％にもなりません。しかも、陸水のうちの多くは南極やグリーンランドにある氷床で、地下水や湖・川の水量は全体からみるとほんの一握りです（図３-９）。

なお、これら地球表層にある液体の水や氷に加えて、岩石や鉱物などにも水が含まれています。地球はそのほとんどが岩石からなるので、岩石鉱物に取り込まれている水が微々たるものであっても、地球全体としてはかなりの量になります。そのような固体地球での水分布や移動については次の章で詳しく説明します。

地球表層の水は、太陽からのエネルギーを原動力に、

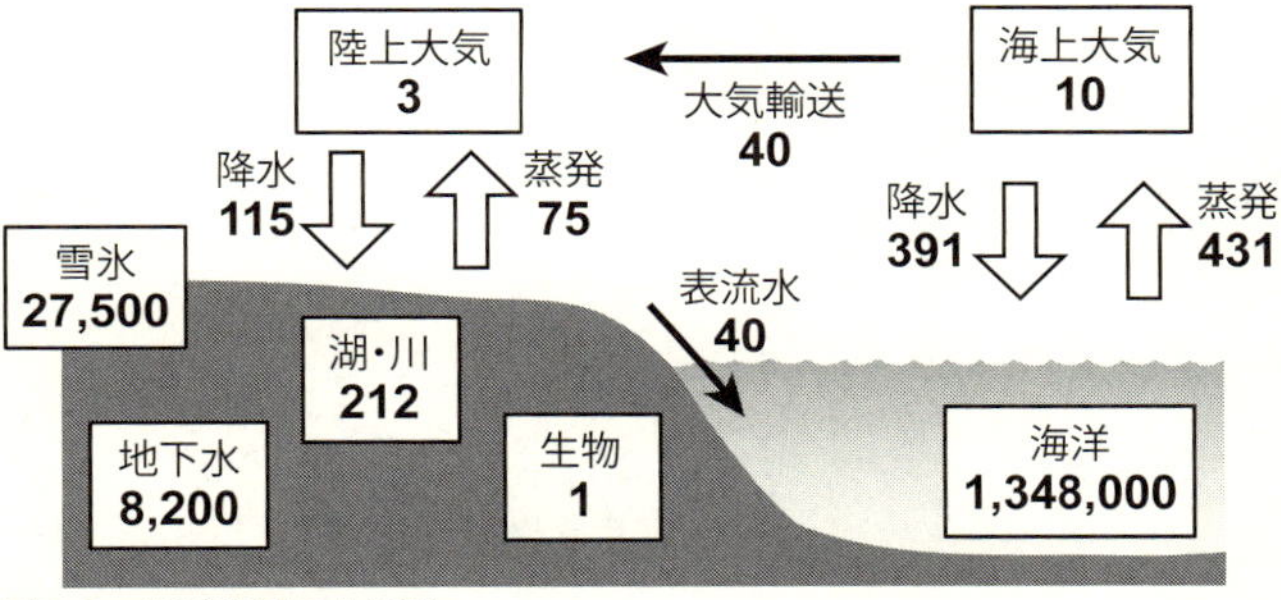

図3-9　地球表層の水循環

（リザーバー量の単位は10^{15} kg、流れの単位は10^{15} kg/年）

水・水蒸気・氷と状態を変えながら循環しています。海からは大量の水が蒸発し、大気に供給されます。海上では、蒸発量が降水量より多く、大気の一部は陸地へと移動しています。一方で、陸地では蒸発よりも降水量の方が多く、河川から海に戻ってくることで、循環の均衡がほぼ取れています（図3-9）。しかし、現在では地球温暖化によって陸上の氷が多く解けることで、海に流れ込む水量が増えていると考えられます。南極とグリーンランドの氷床がすべて溶けてしまうと、地球全体として海面水位が70mくらい上昇すると予想されています。

物質循環のなかで、物質がある状態に滞留する時間（平均滞留時間）は、物質の存在量をその状態に出入りする量で割ることで得られます。これは、入ってきた物質がそのリザーバー内にどれくらい留まるかをあらわす時間になります。大気については、存在量である13×10^{15}kgを入ってくる量（海上と陸上からの蒸発量）の506×10^{15}kg／年で割ると、10日くらいになります。一方、リザーバーとしての海洋は膨大な量になるので、海洋に入ってくる表流水と降水から、海水の滞留時間は3000年程度になります。ある意味、数千年に一度くらいの時間スケールで、海水はすべて入れ替わっているともいえます。

海水はたくさんの二酸化炭素を溶かし込むため、大気と海洋は海面を通じて二酸化炭素を交換しています。大気もしくは海洋表層の二酸化炭素が変化すると、他方はその変化に応答します。

大気中の二酸化炭素の増加は、海洋中の溶存炭素を増やす一方で、温暖化により海洋プランクトンの光合成が増えて海洋表層の炭素は消費されます。そうすると、海洋は大気中の二酸化炭素をより吸収するように、地球表層の急な変化を抑える方向に働きます。しかし、それでも大気中の二酸化炭素が増えているのは、海洋での吸収を上まわるペースで二酸化炭素が排出されているからに他なりません。

地球表層でのエネルギーのやりとり

地球に海があるのは、地表で液体の水が安定な温度にあるからです。金星では熱すぎて水はすべて蒸発してしまいますし、火星では寒すぎて水はすべて凍ってしまいます。地球の表面温度は、地球が受け取るエネルギーと地球から出ていくエネルギーのバランスで決まっています（図3－10）。

地球が受け取るエネルギーは、太陽からやってくるエネルギーで太陽放射と呼ばれるものです。金星では太陽に近すぎて受け取るエネルギーが多すぎ、火星では逆に遠すぎるため太陽エネルギーが少なすぎます。地球の大気上端で受け取るエネルギーは、単位面積あたり1・37×10^3W／m^2で、この値を太陽定数といいます。

地球と太陽の距離を考えると、太陽から放射されるエネルギーはほぼ平行な光として地球に入射します。この地球の断面で受け止めたエネルギーが地表面全体に行き渡ると考えると、地球の表面積あたりに受け取る平均的なエネルギーは太陽定数の１／４になります。球の断面積を表面積で割ればいいのです。

太陽放射エネルギーの一部は地球を覆う大気や地表面で反射され、宇宙空間にはね返っていきます。入射するエネルギーに対する反射するエネルギーの割合をアルベドといいます。液体の水は光を通すため海面のアルベドは小さいのに対し、氷や雪は光をほぼ反射するためアルベドが高いのが特徴です。

地球の大部分が氷に覆われていたら、太陽光の多くを反射してアルベドが高くなって寒くなります。逆に、地球が墨のように真っ黒だったらアルベドはほぼゼロとなり、すべての太陽放射エネルギーを吸収することで熱くなります。現在の地球では、雲や氷床を含めて地球全体のアルベドは０・３くらいで、残りの０・７の太陽エネルギーが地表を暖めることに使われています。

地球表面が暖められる一方だと、どんどん熱くなってしまいま

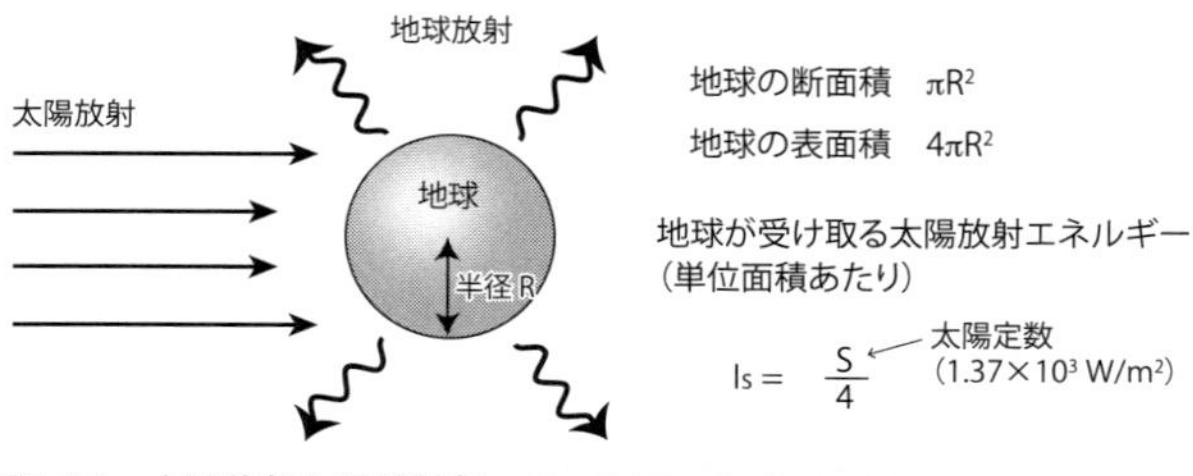

図3-10　太陽放射と地球放射

す。そうならないのは、地球からもエネルギーをはき出しているからです。熱をもつあらゆる物質は、それを電磁波として放射して冷却されます。やかんやお風呂でも、火を止めてしまうと冷たくなるのと同じ現象です。太陽によって暖められた地表面の熱は、電磁波のエネルギーとして宇宙空間に逃げていきます。これを地球放射といいます。地球から放射されるエネルギーの量は表面温度に依存し、温度が高いほど多くのエネルギーを放出します。

地球表面では、太陽から届くエネルギーと地球から出ていくエネルギーがバランスをとることで、温度が決まっています。言い換えると、地球全体を通した熱の出入りがつり合っているともいえます。地球が吸収するエネルギーが増えると温度が上がりたくさんのエネルギーを放出し、逆に受け取るエネルギーが少なくなると地表は冷えて地球放射は抑えられます。そのような調整機構によって、多少の揺らぎはあるものの、地球の表面温度はほぼ一定に保たれています。

温室効果ガスのおかげで存在する海

地球表面でのエネルギーのやりとりがつり合っていることをもとに、ここでは地表面での温度を計算してみたいと思います。地球が受け取る太陽放射エネルギーは太陽定数の1／4になり、アルベドによって一部が反射されるため、地表まで届くエネルギーはその分が差し引かれます。

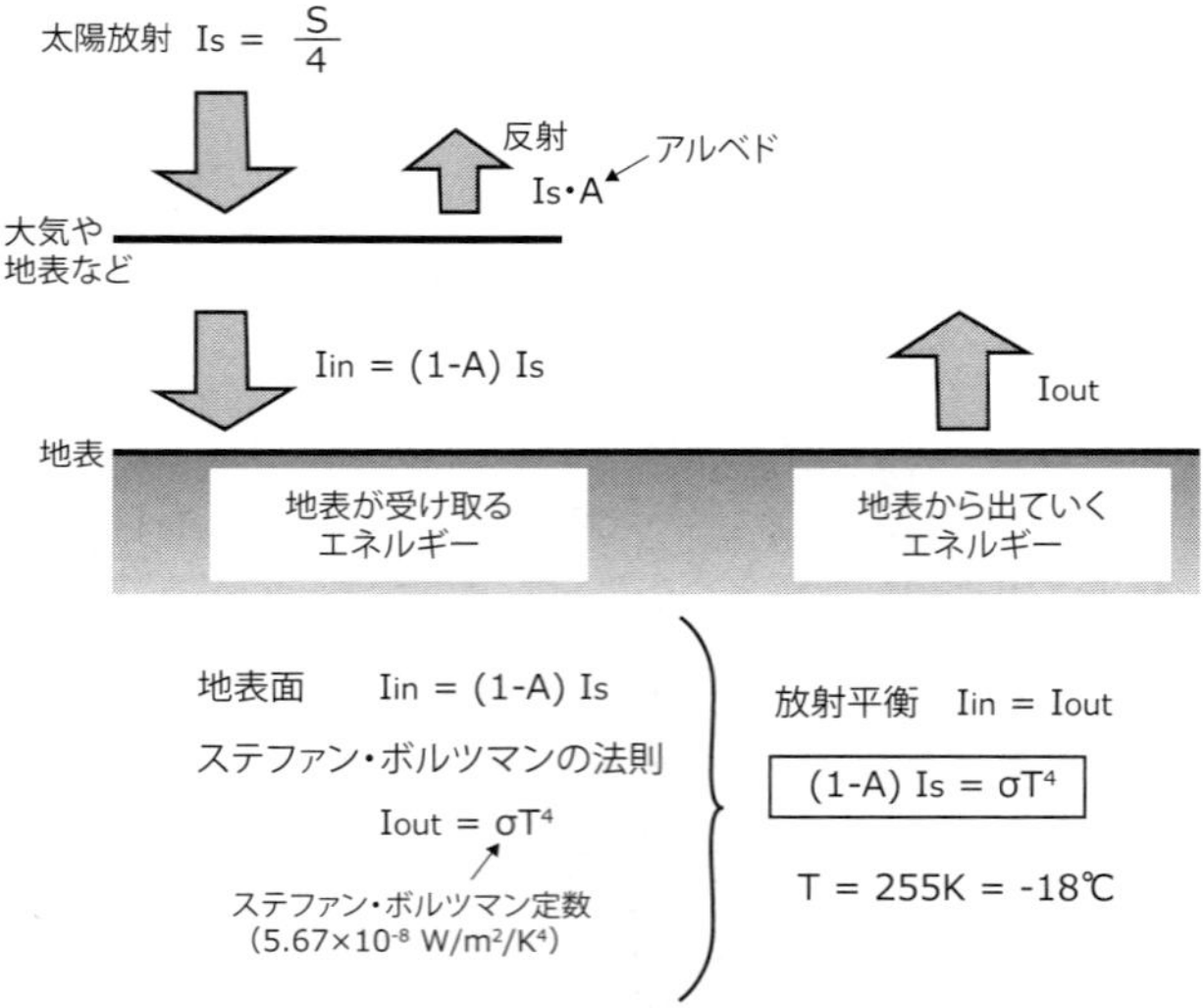

図3-11　放射平衡にもとづいた地表温度の計算

地表に届いた太陽エネルギーは地表を暖め、地表から熱エネルギーを放射することで、入ってくるエネルギーと出ていくエネルギーがつり合っています（図3－11）。

電磁波として地球から出ていくエネルギーは、ステファン・ボルツマンの法則から、絶対温度の4乗に比例することがわかっています。この方程式を解くと、地表の温度を求めることができます。答えは255Kで、摂氏になおすとマイナス18℃になります。これはあまりにも寒すぎて、地球がすべて凍ってしまうことになります。地球では、緯度によって温度にばらつきはあるものの、平均で14℃くらいです。この計算では何かを見過ごしているにちがいありません。

それが何かというと、大気の温室効果です。大気には、二酸化炭素や水蒸気などの温室効果ガスが含まれています。温室効果ガスは、太陽から入ってくるエネルギーや地球から出ていくエネルギーの一部を吸収します。とくに、地球から放射されるエネルギーの多くは赤外線であるため、温室効果ガスによって強い吸収を受けます。そのエネルギーを吸収した大気から宇宙空間と地表の両側に向けて放射エネルギーが放出されることで、地表が暖められます。真冬の寒い日に、晴天の朝は凍えるような寒さなのに対し、雪や雨など上空に雲があると放射冷却が抑えられて比較的暖かくなるのと同じ理由です。

そこで、温室効果ガスの効果を入れて、もう一

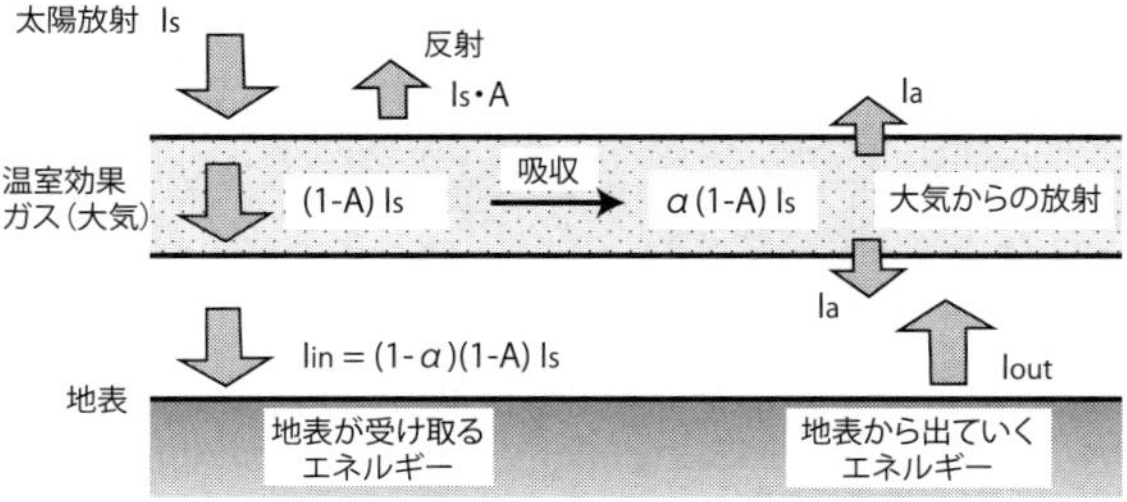

地表面でのつり合い

$(1-\alpha)(1-A)\,I_s = I_{out} - I_a$

大気中でのつり合い

$\alpha(1-A)\,I_s = 2I_a - I_{out}$

I_aを消去すると

$\sigma T^4 = (2-\alpha)(1-A)\,I_s$

吸収率 $\alpha = 0.2$のとき

$T = 295K = 22℃$

図3-12　温室効果ガスを含めた地表温度の計算

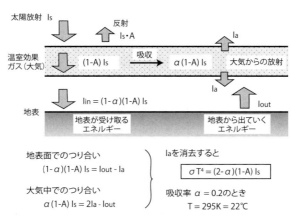

度計算してみましょう。先ほどと少し違うのは、温室効果ガスによって放射エネルギーの一部が吸収され、大気からそのエネルギーが宇宙空間と地表の両側にむかって放出される点です（図3-12）。

この方程式を解くと、こんどは地表温度が22℃となり、温室効果によって先ほどの計算よりだいぶ温度が上がりました。ここでは、大気での吸収率を含め、多くの仮定をしているので、厳密な計算ではありませんが、それでも実際の地球の平均気温にかなり近づきました。このように、地球表面の気温が安定して、液体である海が存在しているのは、二酸化炭素を含めた温室効果ガスがあるおかげなのです。

暗い太陽のパラドックス——凍らなかった海

現在の地球が太陽から受け取る放射エネルギーでは、大気による温室効果もあいまって、地表は液体の水が安定な温度に保たれ、海が存在することができます。しかし、昔の太陽は今よりもかなり暗かったと考えられています。地球ができた46億年前頃は、現在の明るさの70％程度だったといわれています（図3-13）。

そうすると、放射平衡から地球の気温は時代をさかのぼるほど低くなり、先ほどの計算式を当てはめると、20億年前くらいには氷点下になってしまいます。しかし、1章で説明したように地球では約45億年前に海が誕生し、それから現在に至るまで海が持続的に存在してきた地質学的な証拠があります。これは「暗い太陽のパラドックス」と呼ばれ、正しいと思われる予測が事実とは矛盾してしまう大きな問題です。

この問題を解決するのも、大気による温室効果です。大気による温室効果が強ければ、太陽放射が弱い時代であっても、海は凍らなくてすむのです。とくに、大気中の二酸化炭素の濃度は地球史を通じて大きく変動してきたと考えられています。地球初期の大気は二酸化炭素が主体であったのに対し、現在の大気中の二酸化炭素濃度はわずか０・０３％です。昔の地球が厚い二酸化炭素の大気で覆われていたのであれば、その温室効果で地表は凍らなくてす

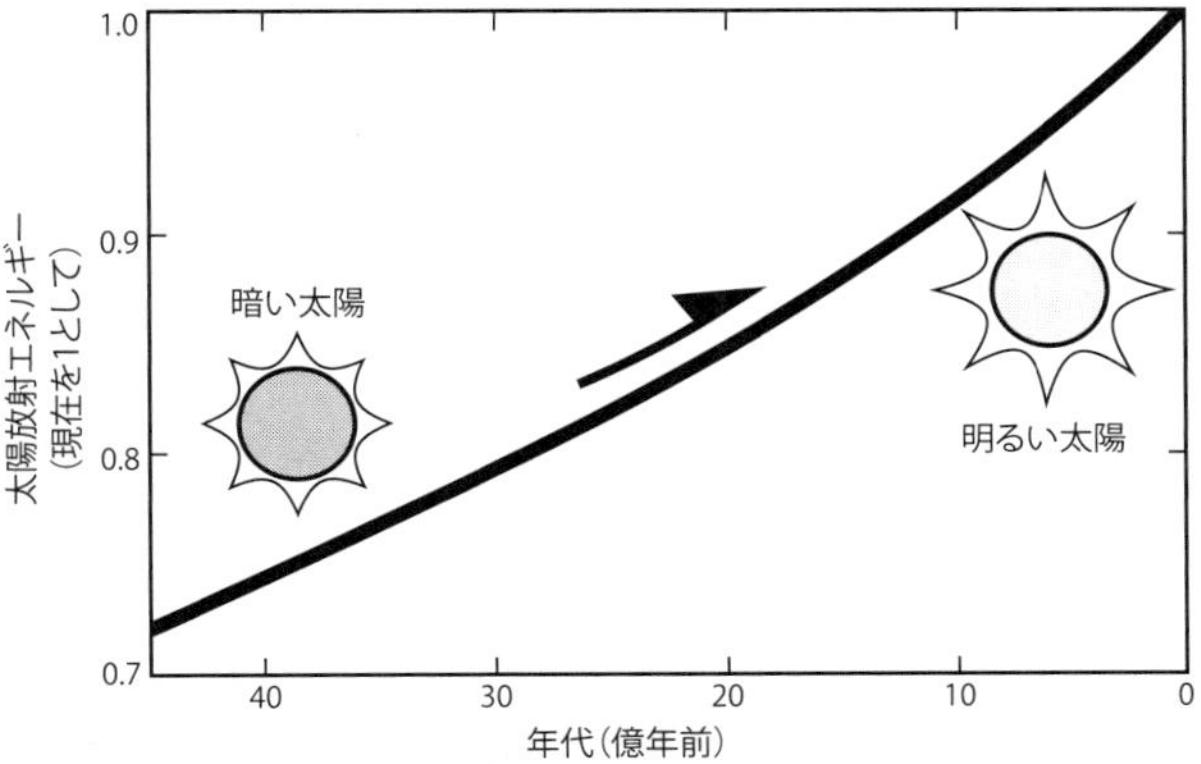

図3-13　太陽放射エネルギーの時代変化

むのです。

では、太古の大気にたくさんあった二酸化炭素はどこにいってしまったのでしょうか。二酸化炭素は海水にもたくさん溶け込みましたが、それだけでは不十分で、炭酸塩鉱物や有機物、すなわち固体として大気中から除去されたと考えられています。地球の大部分をなす岩石圏は、炭素の巨大なリザーバーとして働いているのです。

もう一つ大事なのは、太陽エネルギーが強くなるにしたがって、それを相殺するように大気中の二酸化炭素の濃度が減るように、お互いがうまいこと調整し合わないといけない点です。もし二酸化炭素の濃度が減りすぎると、海は凍りついてしまいますし、逆に二酸化炭素の濃度変化が太陽エネルギーの変動に追いつかないと、気温が上昇して海は干上がってしまいます。そうならないためにも、大気中の二酸化炭素の濃度と太陽エネルギーの変化は連動している必要があるのです。それは「炭素循環」という大気と海洋、そして固体地球までを含めた大きなスケールでの物質循環があるからです。

3-3 炭素の循環

地球表層での炭素の最大のリザーバーは「海」

地球表層で液体の水が存在できるように気候が調整されてきたのは、グローバルな炭素循環があるおかげです。炭素は、大気、海洋、堆積物、そして生物の間を、形を変えながら移動していきます。そのため、大気中の二酸化炭素の濃度は常に一定ではなく、入れ替わり変動しています。地球表層には主に5つの炭素のリザーバーが存在し、そのなかでも水には多くの炭素が溶け込むため、海洋は地球表層における炭素の最大のリザーバーとなっています（図3-14）。

これらのリザーバー間では、互いに炭素をやりとりしています。大気と海洋のあいだでは、温度変化による交換や深層海洋を含む循環があり、全体としてはほぼバランスがとれています。また、生物圏とのやりとりでも、植物の光合成活動では

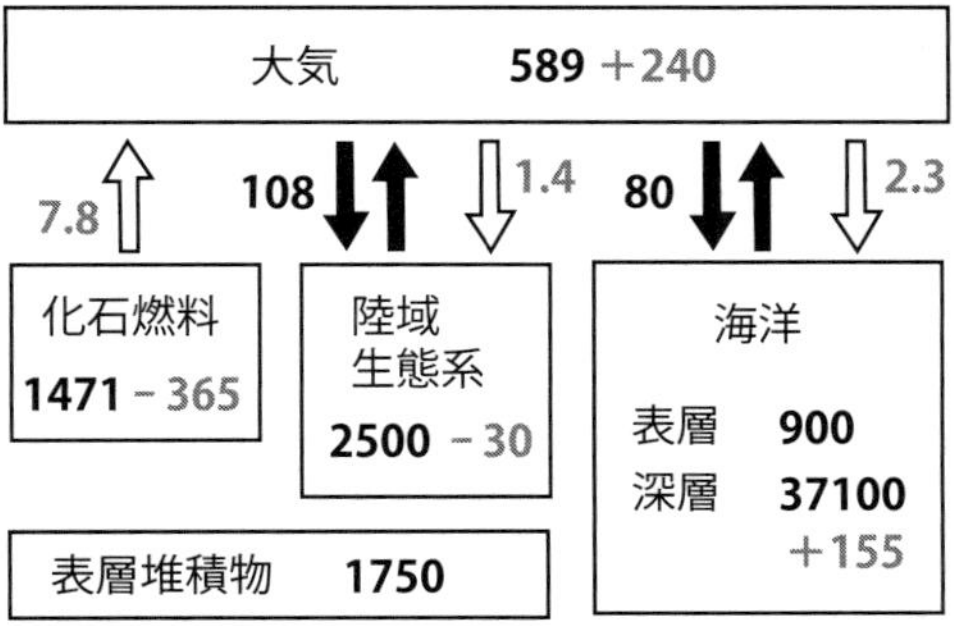

図3-14　地球表層での炭素循環（リザーバーでの炭素存在量はギガトン、移動量はギガトン／年）
グレーの値は人間活動による存在量の変化や移動量をあらわす（IPCC第5次評価報告書にもとづく）

炭素を吸収するのに対し、生物の呼吸では炭素を放出し、大気と陸域生態系のあいだの炭素交換もほぼバランスがとれていると考えられています。そのようなリザーバー間での炭素のやりとりが調整されることで、地球表層の気候が安定的に保たれるしくみがあるのです。

その一方で、産業革命以降の化石燃料の利用による炭素の放出は一方通行です。ＩＰＣＣの第5次評価報告書によると、現在ではおよそ年間7・8ギガトン（10^{12}kg）の炭素が化石燃料の燃焼により大気中に放出されています。そのことで、大気中の炭素は産業革命の前と比べるとかなり増えており、地球温暖化を引き起こして深刻な事態となっているのは、みなさんご存知のとおりです。なお、大気中の二酸化炭素が増えることで、その一部は海洋や陸上のバイオマスにも吸収されます。しかし、その自然の調整機構が追いつかない速度で、人間活動による炭素の放出が現在も続いているのです。

地球表層での炭素循環は、大気中の二酸化炭素濃度をコントロールするだけでなく、他の元素の循環とも密接な関係をもっています。例えば、化石燃料を燃やす際には大気中の酸素が使われます。そのため、二酸化炭素が増えると同時に酸素が減ることになります。生態系では生物の光合成により、二酸化炭素が消費され酸素が発生しますし、有機物の酸化分解では酸素が消費され二酸化炭素が放出されます。また、大気中の二酸化炭素が海水に多く吸収されると海洋の酸性化が進み、鉄や硫黄などの化学状態を変化させます。このように、地球システムでは多くの元素が複合的に関与しているため、一つの環境変化が他の様々な現象にも影響を及ぼします。

このような地球表層での炭素循環は、比較的短い時間スケールで起こります。海洋や生態系と大気とのやりとりから、大気中の炭素の平均滞留時間は約4年ほどになります。また、熱塩循環による深層対流が起こることで、海洋の表層と深層は数千年で入れ替わり、その時間スケールで大気と海洋の炭素は混ざり合っています。

一方で、水に溶け込んだ炭素は化学反応や生物の代謝によって固体として沈澱し、表層の堆積物にも蓄えられます。そして、その炭素を含む堆積物は、プレートによって地球内部へと沈み込んでいきます。このように炭素は地球内部でも循環し、それは地質学的な時間スケールでの気候システムの安定化と深い関わりがあるのです。

地球全体を通した炭素循環のループ

もう少し炭素循環の話を続けます。地球での海の持続的な存在に関わる大切なしくみですので、しばらくお付き合いください。

大気中の二酸化炭素を含んだ弱酸性の雨は、地表を流れるあいだに土壌や岩石の一部を分解したり溶かしたりします。そのような化学風化によって溶け出たカルシウムなどの岩石成分は、水に溶け込み河川によって海まで運ばれます。海では、生物活動を通して海水中の炭酸イオンと結合して炭酸塩鉱物が沈澱します。水は金属イオンや炭素などいろいろな成分を溶かし、移動することによって炭素循環を支えています。海底では、生物の死骸が降りつもり有機物として堆積することでも炭素が固定されます。これらのプロセスで大気海洋から炭素が除去されます。

地球表層の炭素が除去される一方だと、大気中の二酸化炭素の濃度がどんどん減って気温が下がり、そのままいけば地球はいずれ凍ってしまいます。そうならないのは、火山活動によって二酸化炭素が地球の内部から放出されているからです。マグマには二酸化炭素や水蒸気などのガス成分がたくさん含まれ、火山によってそれらの成分が噴出しているのです。

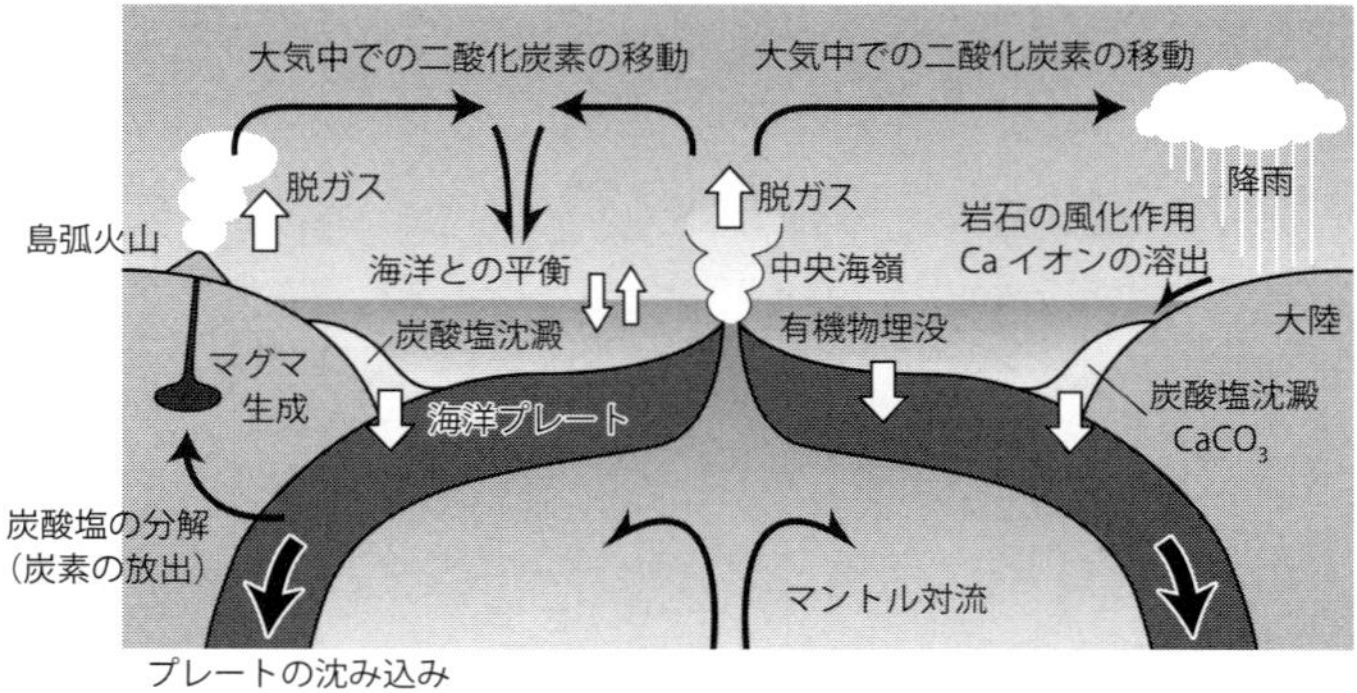

図3-15　地球全体での炭素循環

海底にたまった炭酸塩や有機物は、プレートの沈み込みによって地球内部へと運ばれていきます。そして、その多くは地球内部の高温高圧条件にさらされると分解します。プレートから吐き出された炭素はマグマに溶け込み、火山活動によって再び地表へと戻ってくるのです（図3-15）。このような大気、地表、海洋そして地球内部をめぐる炭素循環のループがあるからこそ、地球表層での炭素濃度が調整され、地球史を通じて安定的な環境が維持されてきたのです。

地球内部を含む炭素循環には、プレートテクトニクスが必要不可欠です。もしプレートテクトニクスがなかったら、鉱物にトラップされた炭素はそのまま地表にとどまり、大気中の二酸化炭素は減り続ける一方だったでしょう。地表に液体の水があったとしても、プレートテクトニクスによる物質循環がなければ気候は安定せず、液体の水はすべて凍ってしまうか干上がってしまいます。そして、プレートテクトニクスのはじまりにはプレートを冷やしたり、マントルの流動性を高めたりする「水」が必要なのです。両方の歯車がうまいこと嚙み合ったおかげで、地球では表層に液体の水＝海がこれまでずっとあるのです。

炭素循環の負のフィードバック

炭素循環において、海洋での炭酸塩や有機物による炭素の消費と、火山での脱ガスによる炭素の供給のバランスがとれていれば、大気中の二酸化炭素は一定に保たれます。しかし、そんなにうまいこと帳尻が合うのでしょうか。

地球全体での炭素循環には、負のフィードバックとよばれる、システムを安定化させるしくみが働いていると考えられています（図３－16）。このメカニズムによって、地球表層の気候を安定化させる作用が働き、暗い太陽が明るくなっても海がすべて蒸発することなく、地球史を通じて安定な気候が維持されてきたのです。

例えば、火山活動が活発化して、大気中の二酸化炭素が増えるとします。そうすると、温暖化により化学風化が進み、水に溶けた岩石成分が海洋に大量に流入します。海水中には大気と平衡な炭素が溶け込んでいるため、流入したカルシウムイオンなどと反応して多くの炭酸塩が海底に沈澱します。その結果、大気中か

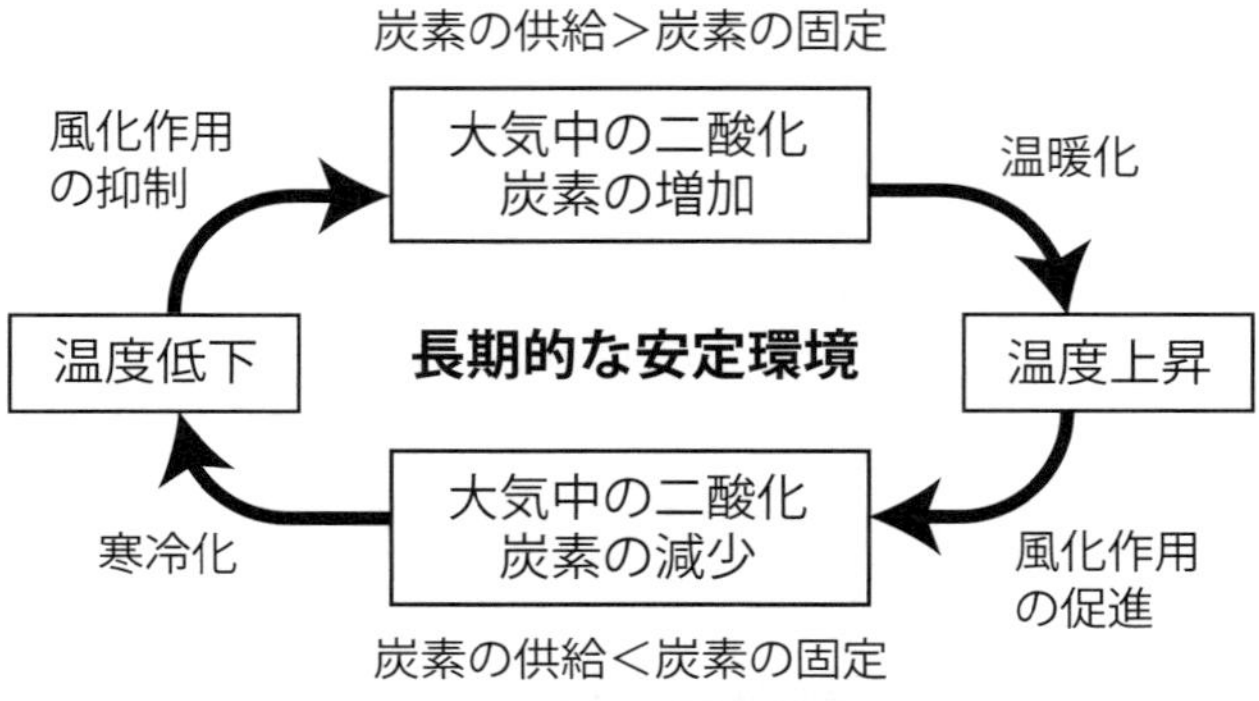

図3-16　炭素循環による負のフィードバックのしくみ

ら二酸化炭素が除去されることで、気温が下がります。ところが、地球内部へ沈み込んでいった大量の炭酸塩が分解されると、火山から二酸化炭素が大気中に放出されることで、気温は再び上昇に転じるのです。

このような炭素循環が持つ負のフィードバック効果によって、地球表層の環境は維持されてきました。といっても、時にはこのフィードバック効果が追いつかず、極端な寒冷化によって地球が丸ごと氷河に覆われたスノーボールアース（全球凍結）とよばれる時代や、恐竜が繁栄した頃のように地球全体が温暖化した時代もありました。しかし、そのような極端な気候の時代があったとしても、地球全体を通した炭素循環という自己調整能力によって、地質学的な時間スケールでは気候が安定化し海が持続的に存在してこれたのです。そして、「水」はその循環の中で大きな役割を果たしているのです。

一方、人間活動による大気中の二酸化炭素の増加は、もっと短いスケールの現象であるため、このフィードバック効果が働くとは考えられません。地球に任せるのではなく、この問題はやはり私たちの手で解決するしかないのでしょう。

3-4 持続的なハビタビリティ

ハビタブルゾーンとは水の存在

太陽系のなかで生命の活動がみられるのは、いまのところ地球だけです。生物には水が不可欠であることから、天体表面に液体の水が存在できる領域をハビタブルゾーン（生命生存可能領域）といいます。液体の水は、1気圧では0℃から100℃までの温度範囲で存在できるように、ハビタブルゾーンの位置は惑星の大きさや恒星からの距離で決まります（図3－17）。ハビタブルゾーンの内側の限界は、水が蒸発する条件になります。恒星に近いと、惑星の受け取る放射エネルギーが大きくなりすぎてすべての水が蒸発してしまいます。太陽系では、金星と地球のあいだくらいになります。一方、ハビタブルゾーンの外側限界は、水がすべて凍りつく条件です。地表温度は大気組成にもより、二酸化炭素が多く含まれると外側限界は広がります。一方、二酸化炭素の雲ができると反射率が上がり温度が下がることもあります。太陽系では、火星が入るか入らないか微妙なところです。

なお、太陽の明るさが時代とともに変わるように、ハビタブルゾーンの位置は中心星の年代によっても移動します。現在の太陽系では、ハビタブルゾーンに位置するのは地球だけですが、太陽系の形成初期には、金星や火星もハビタブルゾーンにあった可能性があります。一方で、系外惑星をいくつも持つことで知られる赤色矮星では、時代の経過とともに中心星の放射エネルギーが減少するため、ハビタブルゾーンは外側から内側へと移動すると考えられます。赤色矮星の周りの惑星では、地球とはまた違った歴史を経てハビタブルな条件が達成されているのかもしれません。

ハビタブルゾーンは、生命が生息できる液体の水が存在する条件とはいえ、その条件を満たしたからといって、その天体に必ずしも生命が宿るわけではありません。2章で説明したように、生命

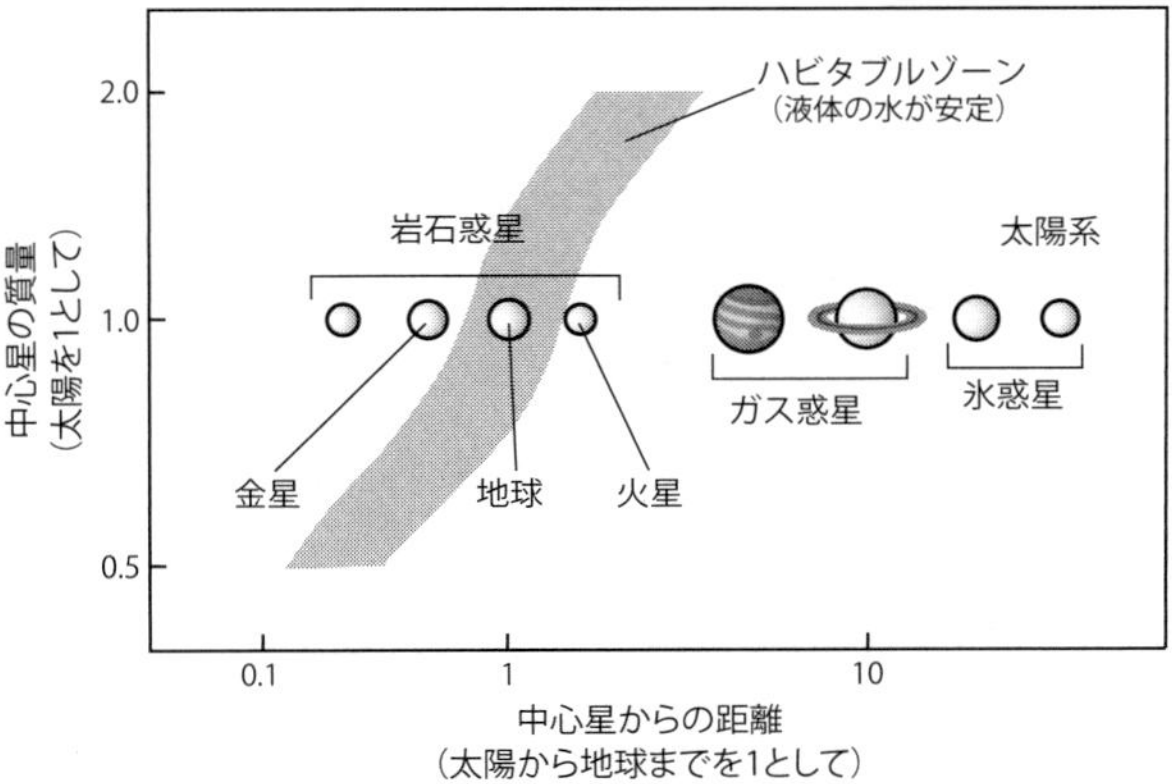

図3-17　ハビタブルゾーンの条件

が誕生するだけでなく進化するには途方もない時間がかかります。そのため、長い期間にわたってハビタブルゾーンに位置することが必要となります。地球は、そのような持続的なハビタビリティを満たす、私たちが知る限り唯一無二の惑星です。

ハビタブルな環境を維持するには

惑星が水蒸気と二酸化炭素からなる大気をもつ場合、その惑星表面に液体の水を保持できる条件は、惑星が放射するエネルギーと大気中の二酸化炭素の量で決まります（図3-18）。水蒸気は、二酸化炭素と同じように強い温室効果をもつため、その量が閾値《しきいち》を超えると、地表はどんどん熱くなり、もとには戻れなくなります。そのような状態は暴走温室状態とよばれ、すべての水は蒸発してしまいます。一方、惑星放射が低く大気中の二酸化炭素が少ないと、惑星表面は凍りはじめます。惑星表面の氷の割合が増えていくと、反射率が上がってさらに冷却され、全球が凍結する状態に陥ります。

現在の地球は、もちろん液体の水が存在する条件を満たしていますし、過去にさかのぼってもその条件のなかにずっとあったおかげで、生物が生息できる環境を継続することができました。では、他の惑星はどうだったのでしょうか。

金星は、約46億年前にできた頃、太陽放射が弱かったことで、液体の水を保持する条件にあった可能性があります。しかし、金星の位置は太陽に近すぎたため、太陽の放射エネルギーが大きくなるなかで、暴走温室状態に陥ってしまったと考えられます。現在の金星は、厚い二酸化炭素の雲に覆われ、表面温度は460℃くらいに達して液体の水は存在できません。

火星は、太陽から遠くに位置することで、受け取る太陽放射エネルギーが地球よりもかなり少なくなります。そのため、現在の火星は寒すぎて、地表には氷はあるものの液体の水は確認されていません。しかし、火星表面には流水地形がみられるように、その歴史のなかでは液体の水が存在できる条件を、一時期でも満

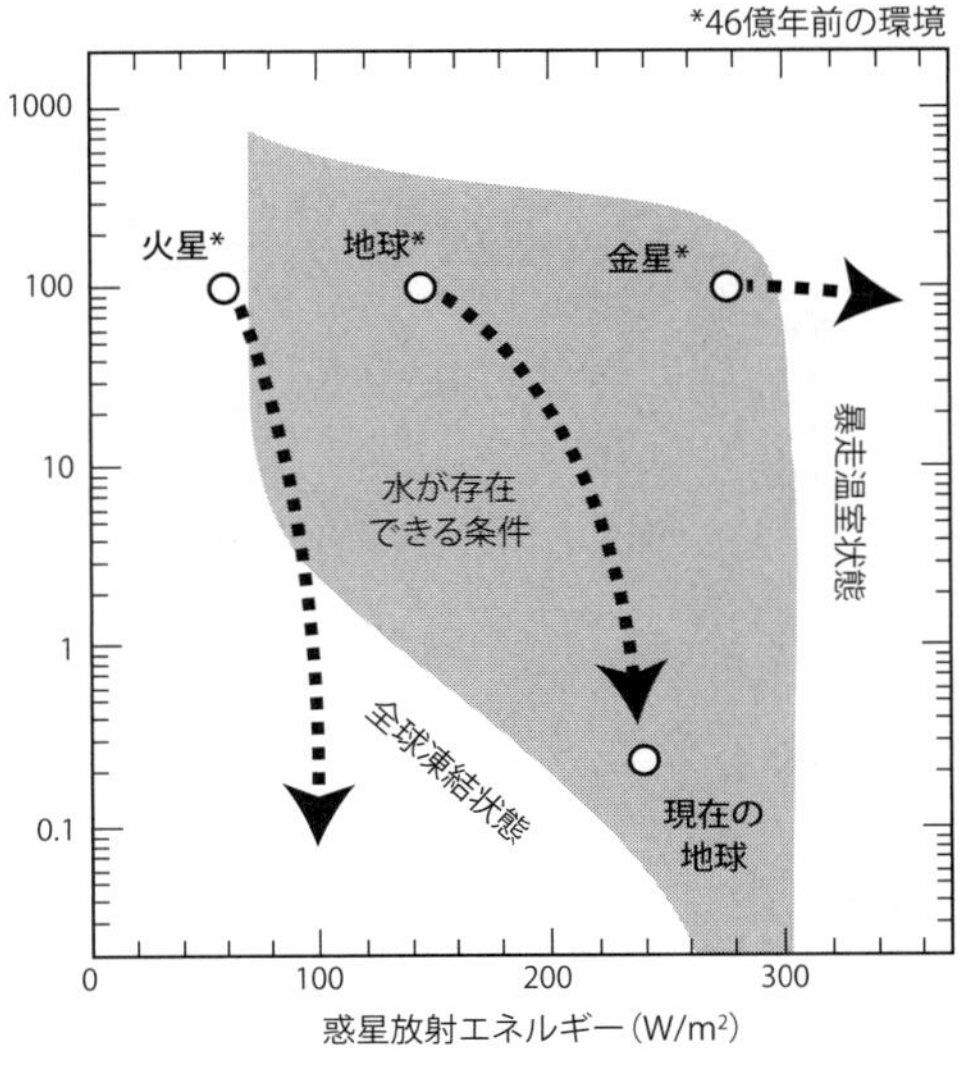

図3-18　水と二酸化炭素をもつ惑星表面に液体の水が存在できる条件(阿部 2009にもとづく)

たしてきたのでしょう。

地球だけが、ハビタブルな条件を維持できた理由は、太陽からの距離がちょうどよかったということに加え、炭素循環によって液体の水が存在できる条件を保てたおかげです。グローバルな炭素循環が、火星や金星であったのなら、もしかするとそれらの惑星でも海が長期間にわたり存在し、生物が繁栄していたかもしれません。その分かれ道は、惑星表層と内部での物質のやり取りを担うプレートテクトニクスの存在にいきつきます。持続的なハビタビリティには、天体表面の条件だけでなく、その内部を含めた変動が大きく関わっているのです。

なお、従来の惑星形成モデルでは、惑星の位置はほぼ動かないとされてきましたが、系外惑星の発見から、木星型惑星の大移動によって岩石惑星の位置が掻き乱されるモデルも提案されています。そうすると、太陽から受け取る放射エネルギーの変動や、頻繁な天体衝突による大気の散逸によって、ハビタブルな環境を維持するのはさらに難しくなるのかもしれません。といっても、少なくとも地球はこの条件を満たし続けてきたわけですから、そのような惑星がこの宇宙に他に一切ないということにはならないでしょう。

雪玉になった地球

地球は炭素循環によって気候が安定的に保たれ、液体の海が持続的に存在することができました。しかし、水は液体以外の状態になることもあります。その一つが氷です。地球はその歴史のなかで、極端な気候変動を何度か経験しています。なかでも有名なのは地球全域が氷に覆われ、雪玉のようになったスノーボールアースと呼ばれる時代です（図3-19）。

地表が氷で覆われた地域では、モレーンなどの氷河地形が発達します。また、ドロップストーンなど氷河によってできる特徴的な地層があります。過去の氷河性の地形や堆積物は世界各地に点在しており、そのうち約6億年前の地層は赤道域で形成されたことがわかりました。岩石に残されている磁気を用いる

図3-19　スノーボールアース状態の地球（©NASA）

と、その地層がどのような緯度でできたかがわかるのです。赤道周辺で氷河があったのなら、それは地球全体が氷で覆い尽くされるような超寒冷期であったことを意味します。そのような全球が凍結したスノーボールアースの時代は、どのようにして訪れたのでしょうか。

大気中の二酸化炭素が減少して寒冷化した際、何らかの原因で炭素循環が間に合わないと、氷床が低緯度地域まで張り出します。氷はアルベドが高いために太陽放射を反射して、凍れば凍るほど寒くなる正のフィードバック（アイスアルベド・フィードバック）が働きます。安定化に働く負のフィードバックとは逆で、その変化を加速させ暴走する方向に働くメカニズムです。

そのようにして、地球がスノーボールアース状態に陥った時代が、約22億年前、7億年前、そして6億年前の少なくとも3回あったと考えられています。なお、そのような時代であっても火山による脱ガスは続いていたため、大気中の二酸化炭素が十分に増えると、スノーボールアース状態から脱出することができたと考えられています。

なお、地球表面が全面氷に覆われたスノーボールアースの時代でも、海が深層まですべて凍ることはなかったはずです。もし海がすべて凍りついてしまったら、その時点で生命の進化はいったん途絶えてしまいます。生命の歴史をみると、そこで大量絶滅は起きましたが、すべての生物種がいなくなったわけではありません。氷の下の海でも、海底では熱水循環によって海水が暖められ、そこには独立栄養微生物などが繁栄し続けたのでしょう。また、陸地でも火山周辺の地熱地帯では局所的に氷が溶けて、生物のオアシスとなっていたことでしょう。

スノーボールアースの時代には、海洋が氷に覆われることで、大気や陸との物質循環が途絶え、海は閉鎖的な空間となりました。それでも、海底での熱水循環によって鉄やマンガン、リンといった元素は供給され続け、酸素が少ないために沈澱することなく海水中に蓄積していきます。大気中の温室効果ガスが増え、全球凍結を脱出すると温暖化はいっきに進み、生物が多様化して爆発的に増えました。海水中に溜まっていた多くの金属元素は酸化されて沈澱しました。氷河性堆積物の上には、その時にできた縞状鉄鉱床やマンガン鉱床がみつかっています。

地球の歴史は平坦なわけではなく、全球凍結のような極端な地球環境があったからこそ、生命の爆発的な進化を促したともいえます。ダーウィンの進化論では、環境に適合する生物が生き残るという自然選択の考えを基にしています。地球表層での環境が大きく変化しても、それに適応できる生物が進化を進めてきたのです。もし地球の変動が穏やかだったのなら、現在のような多様な生物圏ではなく、もっと単純な生物にしか発展していなかったのかもしれません。

コラム3

二酸化炭素の地中処分

地球では、グローバルな炭素循環による負のフィードバックによって、海が持続的に存在し生命が育まれたことをこれまで説明してきました。しかし、人間活動によりすさまじい速度で二酸化炭素の排出が続くなか、地球の自浄能力は追いついていないのが実状です。人間によってもたらされた環境変化は、人間の手でなんとかしないといけません。

温室効果ガスの排出を全体としてゼロにするカーボンニュートラル社会の実現は、二酸化炭素の排出量を少なくするのはもちろんのこと、排出した分は吸収あるいは除去する必要があります。そこで注目されているのが、地層中に二酸化炭素を注入する地中処分です。CCS（Carbon dioxide Capture and Storage）といい、日本語では二酸化炭素回収・貯留とも呼ばれます。

そのしくみは、火力発電所や化学工場から排出される二酸化炭素を回収し、隙間のある地層や石油を採掘して空っぽになった地層に、二酸化炭素を圧入するというものです。ＩＰＣＣのレポートによると、世界全体での二酸化炭素の地下貯留可能量は少なく見積もっても2兆トンあり、これは世界の二酸化炭素の総排出量の約１００年分に相当するといわれています。日本でも実証実験が進められ、北海道の苫小牧では２０１６年から２０１９年にかけて、計30万トンの二酸化炭素を地中に注入することに成功しました。

その一方で、日本は地震大国ですから、地下に注入した二酸化炭素が地震による断層や割れ目を伝って漏洩するリスクもあります。幸いなことに、2018年に起きた北海道胆振東部地震では苫小牧での漏洩は確認されませんでしたが、そのリスクはゼロではありません。そこで、近年注目されているのが二酸化炭素と岩石の反応による鉱物トラップです。地中に二酸化炭素が気体あるいは液体として存在する場合は移動しやすい性質を持つのに対し、炭酸塩など鉱物として二酸化炭素が固定化されれば、漏洩リスクは限りなく小さくなると考えられます。

炭素循環のしくみで説明したように、二酸化炭素との反応から炭酸塩をつくるにはカルシウムや鉄などの成分が必要です。そのため、堆積岩よりも地殻やマントルを構成する玄武岩あるいはカンラン岩の方が鉱物トラップには向いています。これらの岩石が地表に露出するアラビア半島のオマーンでは、実際に二酸化炭素を含んだ水との反応によって多くの炭酸塩が形成されていています。また、炭酸塩化の化学反応にかかる時間はかなり短く、数年スケールで反応が進むと報告されています。これらの研究はまだ始まったばかりですが、鉱物トラップによる二酸化炭素の地中処分は、カーボンニュートラル社会の実現へ向けた救世主になるのかもしれません。

第4章 地球内部での水の循環

地球内部はとてもゆっくりとした速度で動いており、プレートの沈み込みやマントルの上昇流でみられるように地球内部で物質が循環しています。水も例外ではなく地球内部で循環していて、そのような地球内部での水循環はダイナミックな地球の動きとも密接に関わっています。プレートの沈み込みによって地球内部へと運ばれる水は、火山活動によって地球内部から吐き出され、そのバランスが取れることで地球史を通じて海が持続的に存在してきました。本章では、どのようにして水が地球内部で循環しているかを紹介します。

4-1 プレートの移動

プレートテクトニクスの発見

プレートテクトニクスによる地球内部での物質循環によって、表層環境が調整され液体の水が安定的に存在できる気候が維持されてきたことを、これまで説明してきました。地球に欠かせないプレートテクトニクスですが、そのような考えが提案されたのはつい100年ほど前のことで、受け入れられるようになったのは20世紀も後半になってからです。ここでは、海の持続的な存在に必要なプレートテクトニクスという地球ならではの現象が、どのように発見されていったのか、その経緯からまず始めたいと思います。

大航海時代も終わり、世界地図が描かれるようになると、大西洋をはさんだアフリカ大陸と南アメリカ大陸の海岸線が、ジグソーパズルのように合うことに気づいた人がいました。といっても、偶然の一致を否定することもできず、その考えが当時それ以上広まることはありませんでした。

その後、1915年にアルフレッド・ウェゲナーが『大陸と海洋の起源』という本で大陸移動説を発表した時も、多くの研究者は大陸が動くという考えに懐疑的でした。ウェゲナーは、大陸の海岸線に加え、離れた大陸での地質構造や化石の分布、氷河地形といった要素が、大陸がもともと一つであったならうまく説明できるとして、大陸移動説を提案しました。しかし、プレートがどうして動くのか、そのメカニズムが分からなかったこともあり、彼の考えが当時の表舞台に立つことはありませんでした。

ウェゲナーが調査中の遭難で亡くなって以降、ほとんど忘れ去られていた大陸移動説は、19

50年代に古地磁気学によって海洋底が拡大していることが分かると、再び注目されるようになりました。地球磁場の反転によって、海洋底にはバーコードのような地磁気の縞模様が記録されており、中央海嶺から海洋底、すなわちプレートが拡大していることが明らかとなったのです。海洋底が拡大するのであれば、大陸が分裂して離れていくことも説明できます。

現在では、「地球表面がいくつかのプレートに覆われ、プレートの動きが地球の様々な現象と関連している」というプレートテクトニクスの考えに異論を唱える研究者はいません（図4-1）。最新のGPSなどの観測でも、年間数cm程度の速度でプレートが互いに異なる向きに移動していることがわかっています。日本はプレートの収束境界に位置するため、プレート境界に歪みがたまることで地震が多発

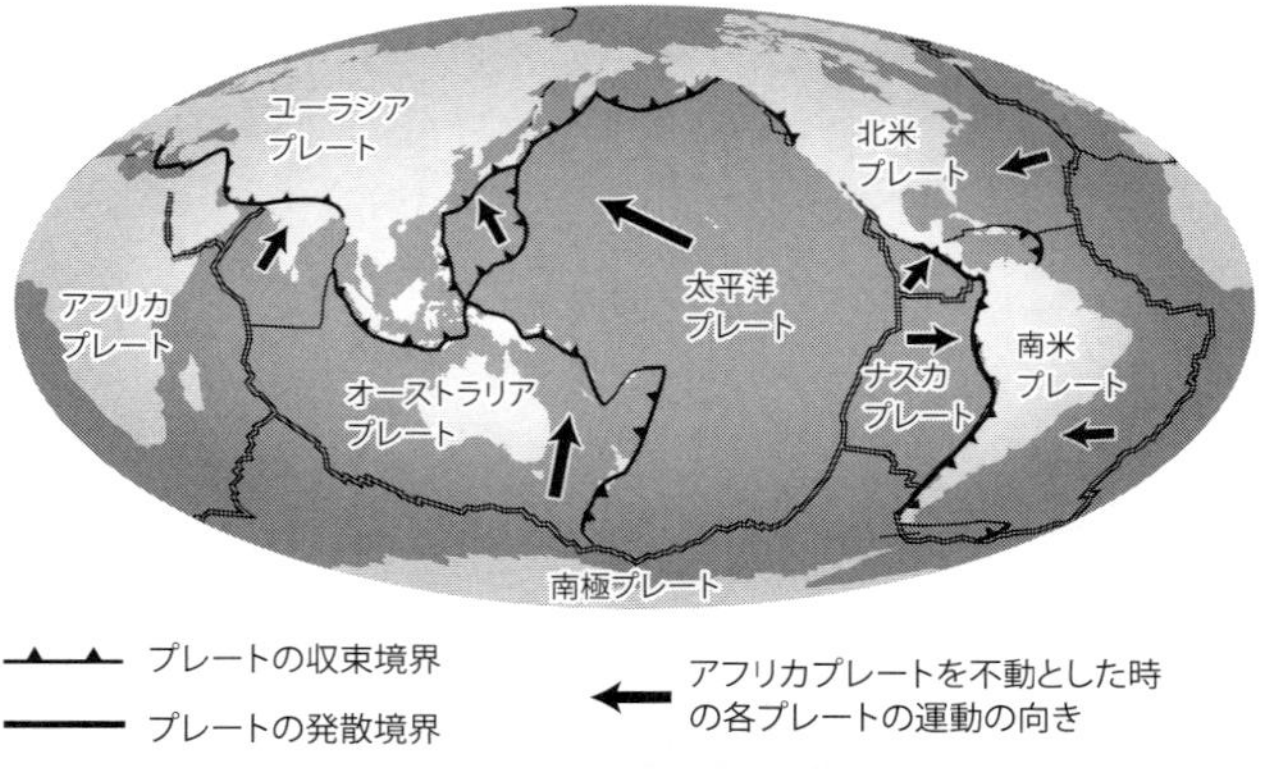

図4-1　プレート境界

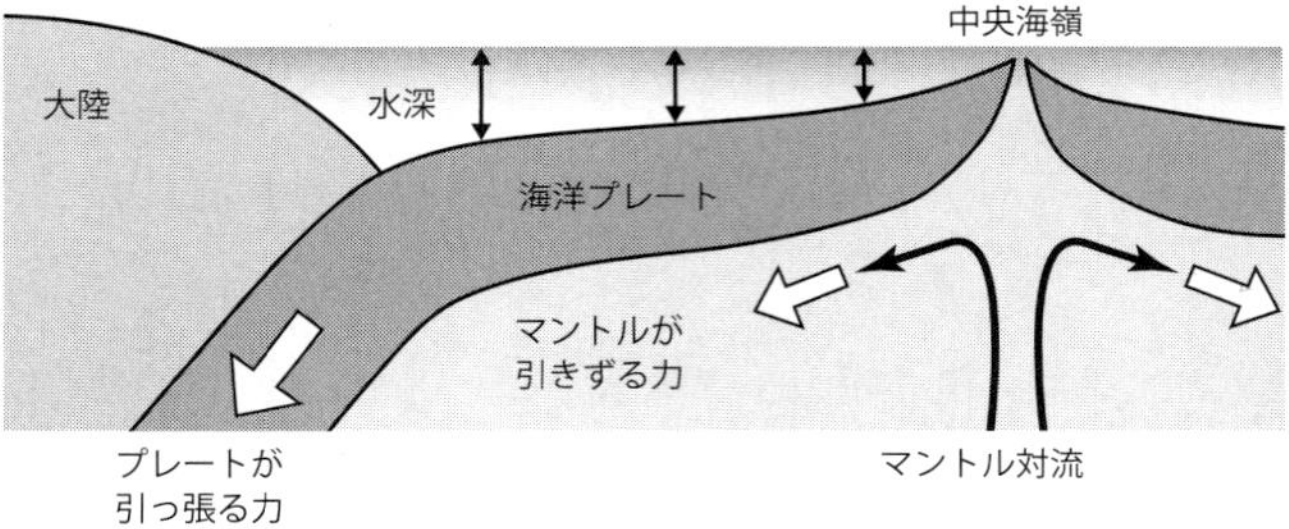

図4-2　プレートに働く力

しているわけです。では、プレートを動かす原動力とはいったい何なのでしょうか。

プレートを動かす力

中央海嶺で誕生する海洋プレートは、海溝で地球内部へと沈み込んでいき、その年齢は古いもので2億年ほどになります。その間、プレートは海水によって冷やされ続けます。物質は温度が下がると縮まって、密度が大きくなります。そのため、プレートは古くなれば古くなるほど重たくなり、プレートの重さによって中央海嶺から離れ、海溝に近づくにしたがって水深は深くなります。プレートができる中央海嶺での水深は2000mくらいなのに対し、マリアナ海溝のような古いプレートが沈み込む場所での水深は1万mにも達します。

海水によって冷やされ重くなったプレートが地球内部へ沈み込むと、周囲の物質より密度が大きいことで、プレートがさらに沈み込む方向に力が働きます。プレートそのものの自重が、プレートを動かす原動力であるという考え方です（図4－2）。また、海洋地殻がエクロジャイトという密度の大きな岩石に変化することも、プレートを引っ張る力に加わります。

一方の大陸プレートは、主に密度の小さな花崗岩からできているため軽く、沈み込むことはできません。大陸は一度できると地表にとどまり、地球史を通じて増え続けていることを1章で説明しました。

地球の中に沈み込んでいった海洋プレートは、周囲のマントルによって暖められます。長い時間をかけてマントルのなかで暖められると、密度が小さくなって浮力が働き、再び地上へと戻っていきます。そのような地球内部での対流を、マントル対流といいます（図4－3）。鍋でお湯を沸かすときに、鍋の底で暖められたお湯が湧き上がってくるのと同じような現象が、地球のなかでも

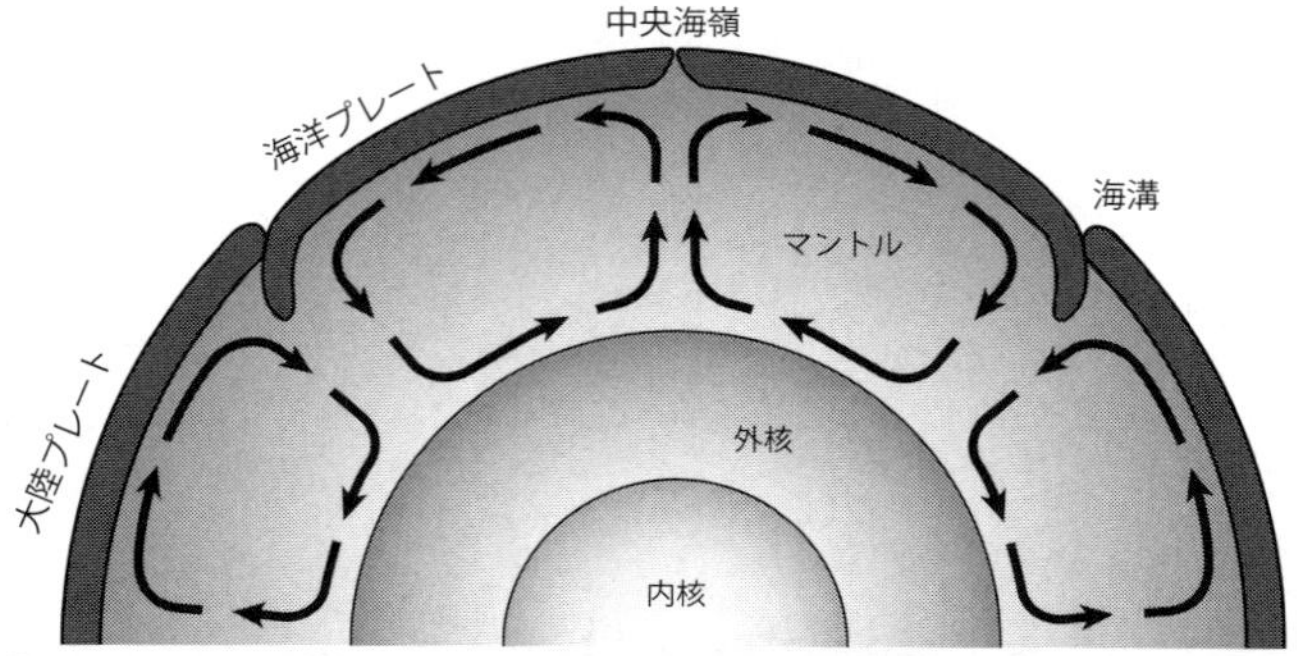

図4-3　マントル対流

起きているのです。マントルは固体の岩石からできていますが、地球内部のような高温の条件では、水飴のように流動します。しかし、その速度はとてもゆっくりとしたもので、年間で数cmくらいです。

プレートを動かすもう一つの力は、このマントル対流がプレートを引きずる力です。マントル対流による流れが、その上にあるプレートを引きずるように動かしているという考え方です。最新の海底物理観測の解析では、海洋プレートのなかにみられる断層の方向から、マントルがプレートを引きずる力のほうが有力ともいわれています。

どちらの力が主体的なのか、もしくは他の力が働いているのか、プレート運動を駆動するメカニズムはまだ決着がついていない重要な問題です。プレートを動かす原動力が明らかになれば、なぜ地球にだけプレートテクトニクスが働き、海が存在し続けてきたかについても、新たな展開が開けてくることでしょう。

海は広がり陸がぶつかる

マントルの動きによってプレートの位置が移動することで、大陸は合体しては分裂し、海洋底は拡大しては消滅していきます。そのようなサイクルのことをウィルソンサイクルといいます

（図4－4）。大陸の下にマントルの上昇流が出現することで、大陸に裂け目ができ、大陸が離れ離れになっていきます。そうして新たな海ができ海洋底が拡大していくと、海溝ではプレートが沈み込みを開始します。海洋底がすべて沈み込んでしまうと、また大陸同士が衝突します。このようなサイクルが地球史を通じて何度も起こっているのです。

地球表面の大きなスケールの地形は、プレートの動きによってできるもので、ウィルソンサイクルのいずれかの段階を反映しているといえます。例えば、アフリカにある大地溝帯は大陸の裂け目であり、そこでは大陸が分裂しています。ヒマラヤ山脈は、大陸同士の衝突によってできた大山脈です。太平洋の両端では、プレートが沈み込み、海洋底が少しずつ縮みつつあります。その一方、大西洋の両端ではプレートは沈み込んでおらず、現在も拡大を続けています。アメリカの東海岸で地震や火山活動があまり起きないのは、プレートの沈み込みがまだ始まっていないからです。しかしいずれは、大西洋でもプレートの年代が古く重くなっていくと、沈み込みを開始することになります。

大陸の合体はおよそ数億年の周期で繰り返し、超大陸パンゲアの分裂を経て、現在は次の超大陸の形成に向かっています。地磁気や造山帯の分布から、パンゲアの前にも、10億年前頃に超大陸ロディニアが、18億年前頃にヌーナ超大陸が、27億年前頃にはケノーランド超大陸があったと考えられています。超大陸の形成を繰り返す時間は、少しずつ短くなってきています。その原因は、地球内部の温度低下とともにプレートが重くなることで、沈み込みがしやすくなったからなのかもしれませんし、大陸の割合が増えてきたからなのかもしれません。これもまだよく分かっていない問題の一つです。

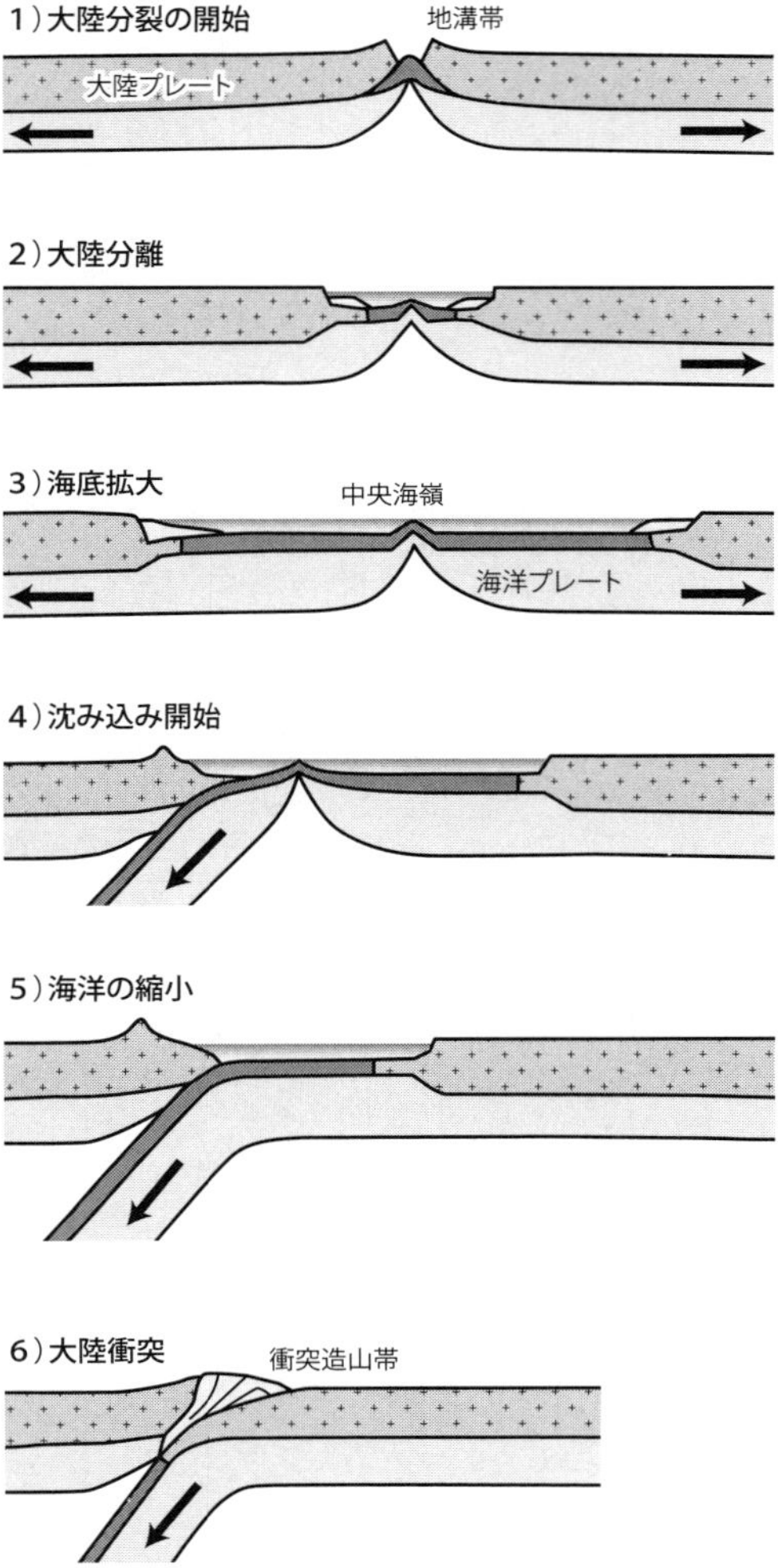

図4-4　ウィルソンサイクル

海に視点を移してみると、約3億年前に大陸が集まって超大陸パンゲアをつくっていた時代には、それを取り囲むようにパンサラッサ海が唯一の海洋として存在していました。そして約2億5000万年前に超大陸が分裂し始めると、新しくテチス海が誕生しました。パンサラッサ海は最終的には太平洋の一部となり、テチス海は地中海やインド洋の一部となっています。

海洋や大陸の移動は、地球表層の環境にも影響を与えます。海洋底の拡大速度は、プレートが沈み込みを開始すると速くなり、現在の太平洋での拡大速度は年間10cm程度です。一方、沈み込みが始まっていない大西洋では拡大が遅く、その半分程度の速さです。大陸が集まるタイミングでは、沈み込みによってプレートが速く移動し、海洋底や大陸縁で活発な火山活動が起こります。

超大陸ができあがった頃は、火山活動によって地球内部からは大量の二酸化炭素が放出され、全球的に温暖期となっていました。超大陸パンゲアがあった中生代中ごろは、古土壌などの分析から、大気中の二酸化炭素濃度が高く、南極や北極で氷床がなくなるほどの温暖期だったとされています。

4-2 プレートによる水の取り込み

水と岩石のあいだの反応

コップの水の中に石を入れても、一見何も起きていないようにみえますが、少しずつ石の成分が溶け出たり、石に水が吸収されたりしています。数年も経つと、地表の岩がボロボロになるように、水和や分解などの化学的な風化が進行します。

地球内部の温度が高い場所では、そのような岩石と水との反応がもっと起こりやすく、もともと水を含まない鉱物が水を含む鉱物に変わったりします。そのような水を含む鉱物を含水鉱物と呼び、水は結晶構造のなかに、水酸基として取り込まれます。例えば、石材でよく使われる蛇紋岩という石は、マントルと水が反応してつくられる鉱物からできていて、そこには重量にして13％もの水が含まれています（図4－5）。

また、もともと水を含まない鉱物であっても、少量なら不純物として、結晶格子の隙間に水素を取り込むこともあります。マントルを構成するカンラン石という鉱物にも、ppm（100万分の1）レベルの水が含まれます。そのような水は微量であっても、マントルはほとんどカンラン石からなるので、全体の量としては海水に匹敵する水が地球内部に取

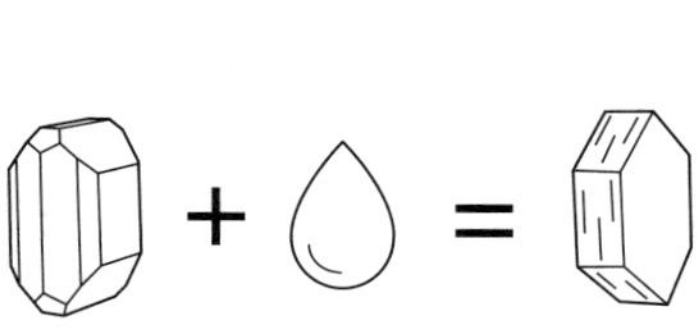

図4-5　カンラン石と水が反応してできる蛇紋石

り込まれている可能性を1章で紹介しました。

私たちは、アラビア半島のオマーンで2023年春に地質調査を行いました。そこには、過去の海洋底の断片が陸地に押し上げられ、海に潜ることなく海底の石を調査することができます。春であっても日中は40℃以上にのぼる炎天下のなか、涸《か》れ沢であるワジにそって露出する石から石をハンマーで叩き割って調べました（図4-6）。その結果、いずれの岩石にも多くの含水鉱物がみられ、海洋プレートに大量の水が含まれていることがわかりました。しかし、問題はその水がいつどこで岩石に取り込まれたかということです。

図4-6　オマーンでの地質調査

海底下で循環する熱水

中央海嶺のようなプレートが拡大する場所では、引っ張られる力によって正断層が発達します。断層沿いには亀裂がたくさんあり、そこに海水が浸み込みます。海底に入り込んでいった海水は、地中にあるマグマによって熱せられ、その温度は400℃以上にも達します。そのような地中で熱せられた海水は、海底面から激しく噴き出し、その噴出孔の周りには地下生物群がわんさかいることを2章で紹介しました。

このように中央海嶺の海底下では、マグマの熱によって海水と岩石が激しく反応することで、海水中に多くの岩石成分が溶け出たり、岩石に水が取り込まれたりしています（図4-7）。海底から噴出する熱水は、周囲の海水によって急冷され、熱水の中

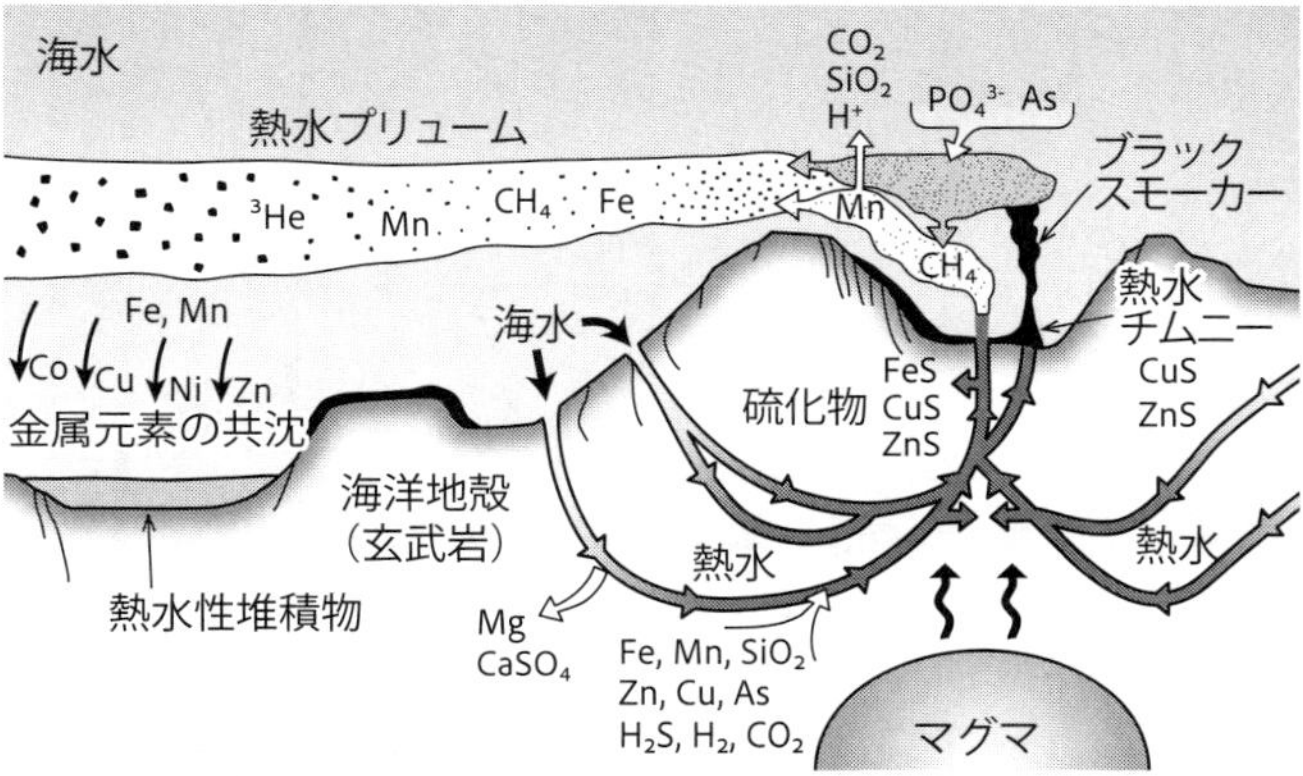

図4-7　中央海嶺付近での熱水循環（蒲生 1996にもとづく）

に溶け込んでいた硫化物などが一気に析出します。海の中でも黒っぽい煙のようにみえる、ブラックスモーカーです。

一方の岩石側には金属成分が濃集し、硫化物鉱床などの資源として利用されています。四国山地にある別子《べっし》銅山は、中央海嶺での熱水活動でできた国内最大級の鉱床で、明治維新以降の日本の産業革命を支えました。現在の海底にも、希少金属を含めたくさんの鉱物資源が眠っています。しかし、水深が数千メートルにも達する海底から、どうやってそれらの資源を回収するかが、大きなチャレンジとなっています。

オマーンにある海洋地殻の断片に多くの水が含まれるのも、中央海嶺付近の熱水変質によると考えられます。そこには、角閃石《かくせんせき》や緑簾石《りょくれんせき》など高温での熱水反応に特徴的な鉱物がみられます。また、これらの岩石には、水が通った痕跡として鉱物脈が観察できます。中央海嶺の熱源か

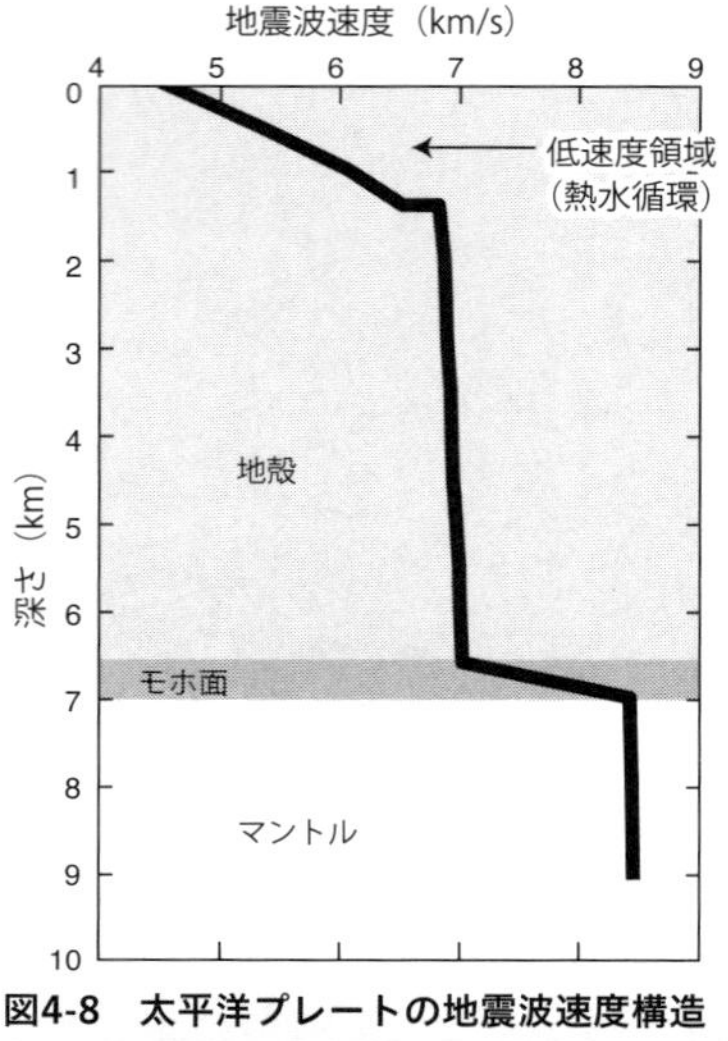

図4-8　太平洋プレートの地震波速度構造
(Shinohara et al. 2008にもとづく)

ら離れると、熱水に溶けていた岩石成分が析出し、流体の通り道を埋めているのです。

　私たちは、オマーンから持ち帰った岩石を使って、地震波が伝わる速度を調べました。地震波が伝わる速度は、岩石の種類にもよりますが、岩石の中にある割れ目や水の存在によっても影響を受けます。実験室で岩石に圧力をかけながら、地震波速度を測定してみると、圧力が増加することで割れ目が閉じ、速度が速くなります。海底での地震波探査では、海洋地殻の深さ2㎞あたりまで、速度の遅い領域があります（図4－8）。そのような場所には多くの亀裂が存在して、その隙間を伝って多量の熱水が地殻内を循環しているのです。

　その一方で、オマーンの調査では、海洋地殻のさらに下のマントルにまで水が浸み込み、カンラン石がほとんど蛇紋石に置き換わっている産状が確認できました。中央海嶺付近での熱水循環は地殻上部に限られるので、水がマントルまで入り込んだのは別のタイミングだと考えられます。マントルはいったいどこで水を獲得したのでしょうか。

マントルまで浸み込む海水

　中央海嶺でできるプレートは、1億年ほどゆっくりと水平移動した後、海溝から沈み込んでいきます。海溝付近では、プレートが折れ曲がることで、プレートには再び亀裂が入ります。アウターライズ断層と呼ばれるものです（図4－9）。そのような断層は、引っ張りの力によって海底が持ち上げられるため、津波を引き起こすことで知られています。１９３３年に起きた昭和三陸地震は、アウターライズ断層の活動により、20ｍを超える大津波が東北地方に押し寄せ、大きな被害がでました。２０１１年の東北地方太平洋沖地震とはメカニズムが異なり、地震そのものによる揺れは小さいのに対し、大津波が発生するという点で注意が必要な地震です。

このプレートが折れ曲がるときの断層運動によって海底には亀裂が入り、そこには海水が浸み込んでいきます。ひび割れたコンクリートに水が浸み込むのと同じように、重力によって海水が地中に浸み込んでいくのです。

その深さは、少なくともマントルまで達することが、地震波速度や電気伝導度の地球物理観測からわかっています。海水が亀裂にそって入り込むことで、プレートを伝わる地震波の速度が遅くなったり、電気が流れやすくなったりするのです。また、断層沿いに海水が循環することで熱が効率的に運ばれ、海底の熱流量にも異常がみられます。これらの物理観測は、陸地から離れた海底で行う必要があるため、アウターライズ断層沿いに海水がマントルまで浸み込むことが分かってきたのは、つい最近のことです。

オマーンでみられたマントルまでの水の浸入は、このプレートが折れ曲がる時にできた断層が原因なのかもしれません。そうすると大量の水がプレートのなかに取り込まれ、地球内部へと運ばれていくことになります。また、海水には二酸化炭素も溶け込んでいるため、マントルには水に加えて炭素が固定されている可能性もあります。しかし、これらの岩石は陸に押し上げられる時にも、様々なイベントを経験しています。水はその時に取り込まれた可能性も否定できません。

マントルにある水の起源は、今まさに取り組んでいる研究テーマの一つで、私たちはマントルと水が反応してできる蛇紋岩を調べています。蛇紋岩中には、その時に存在した水が流体包有物として取り込まれていることがあります。その流体中の塩濃度や形成温度の軌跡がわかれば、海底でできたのか陸上に上がってくる時にできたのか決着がつくはずです。また、マリアナ海溝などの海底から直接採取される蛇紋岩は、間違いなく海水との反応によってできたものです。そのような形成環境が特定できる岩石との対比などからも、マントルの水の起源が明らかになるはずです。

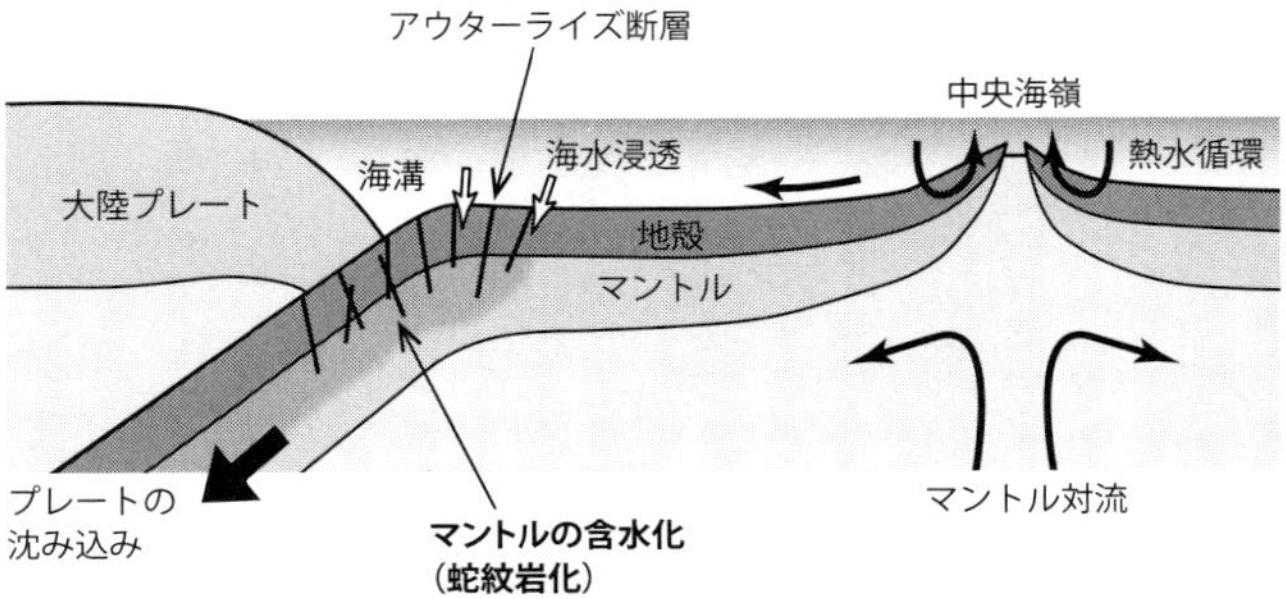

図4-9　アウターライズ断層に沿った海水の浸透

陸地での地下水の流れ

大陸では、陸地に降った雨が地表を流れるだけでなく、地下の水脈を通って流れています。岩石の中には、隙間を多く含む岩石や、亀裂がたくさん発達したものがあります。そのような透水性の高いところを地下水は選択的に流れています。

地表の水は、川の流れのように、重力によって標高の高いところから低いところに向かって流れます。それに対し、地下水の流れは圧力の勾配が駆動力で、谷間や崖下の湧水のように、地下水が深いところから浅いところに向かって流れることもあります。水脈が同じ高さにあっても、上に重たい地層がのっているところは水にかかる圧力が高く、地下水が圧力の低い方へと流れるのです。

地下水が長い時間をかけて地中を流れるあいだ、水のなかに岩石の成分が溶け出します。カルシウムやマグネシウムをたくさん含んだのが硬水で、あまり含まないものが軟水です。時間をじっくりかけて流れるヨーロッパの水は硬水が多いのに対し、急峻な地形で短い時間で流れる日本の地下水は軟水が多いです。そして、お酒づくりにも水の成分は大事な働きをしています。ミネラルが多く含まれる硬水で仕込んだ日本酒は旨味とキレがあるのに対し、軟水で仕込んだものはまろやかになる傾向にあります。ちなみに、私が住んでいる東広島の西条は、日本三大酒どころ

図4-10　大分県の九重《くじゅう》山麓にある八丁原《はっちょうばる》地熱発電所 ©資源エネルギー庁

の一つで、軟水特有の香り高く濃醇な味わいのお酒がいただけます。

　地下水のなかには、マグマなどに熱せられたものもあります。そのような熱水には多くの成分が溶けこみ、温泉として利用されています。温泉の源泉は比較的低温で50－70℃のものが多く、さらに高温の熱水は地熱発電として利用されます（図4－10）。地下の圧力のもとでは、水は100℃以上でも液体として存在できます。そのような高温の熱水は、ポンプで地表にまで汲み上げられると圧力が急に下がって沸騰し、熱水が蒸気となってタービンを回すことで発電するしくみです。

　地熱は、太陽光や風力と同じく、再生可能エネルギーの一つです。しかし、地下水が地層に浸み込むのより速い速度で汲み上げてしまうと、帯水層が涸れてしまいますし、どこもかしこもマグマの熱があるわけではありません。そこで注目されているのが、地下へ水を注入して人工的に地熱貯留層をつくる新しい地熱発電のシステムです。地熱発電の立地条件や帯水層が涸れるといった問題も克服できます。しかし、自然界では様々なプロセスが複雑に絡み合っていて、現段階では実用化にはまだ至っていないのが現状です。

4-3

プレートの沈み込みによる水輸送

隙間にある水は絞り出される

プレートが海溝から沈み込む時に、プレートに含まれている水も一緒に地球内部へと運ばれます。プレートに取り込まれている水には、大きく分けて2つのタイプがあります。一つは、水と岩石の反応によって含水鉱物としてトラップされたもので、もう一つは岩石の隙間にある水です。

そのうち、後者の隙間にある水のほとんどは、プレートが沈み込む時に絞り出されます。プレートが地球内部へ入り込むと、圧力が増すことで岩石中の隙間が閉じ、そこにあった水が吐き出されるのです。水は周りの岩石より密度が小さいため、浮力によって断層沿いに上昇し、海底や陸域沿岸部で湧水として湧き出します（図4-11）。堆積物中の有機物が分解することで、流体中にはメタンガスが大量に含まれ、メタンハイドレートとしてみつかることもあります。メタンハイドレートは、「燃える氷」とも呼ばれ、次世代のエネルギー源としても注目されています。

プレートから絞り出された水のなかには、水を通しにくい地層に行く手を遮られるものもあります。そのような水が溜まっていくと、水の圧力が増加します。水圧は、亀裂や断層面を押し広げ、断層を動かしやすくする効果があります。プレート境界で起こる地震は、そのような水の働きとも関係しているのです。そのため、南海トラフ海域の紀伊水道沖や熊野灘では、海底下の水圧をリアルタイムでモニタリングする観測が現在も行われています。

プレートが沈み込む境界では、スロー地震と呼ばれる通常の地震よりも断層がゆっくりと動く現象が、日本の研究チームによっ

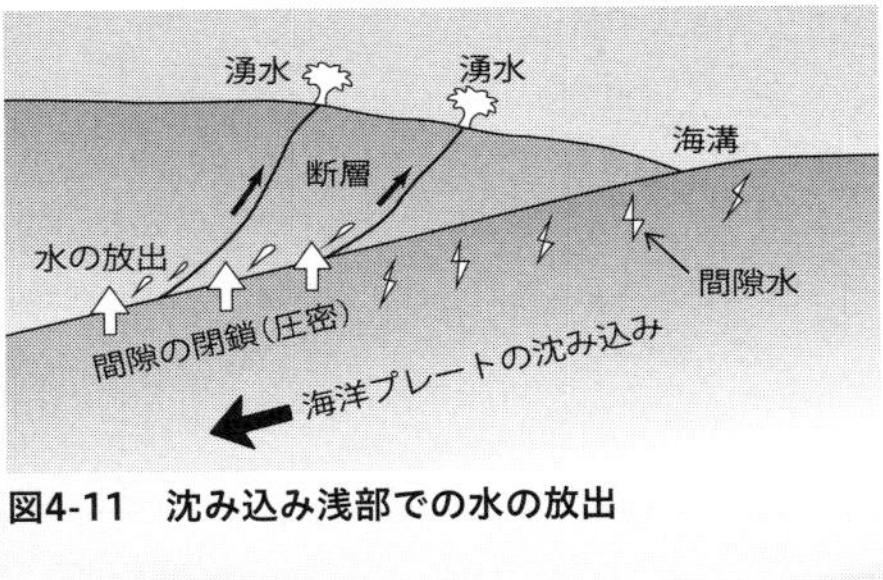

図4-11　沈み込み浅部での水の放出

て発見されました。阪神淡路大震災を契機に全国に展開された地震計およびGPS観測網があるからこそ検出できた新しいタイプの地震です。スロー地震は、巨大地震の震源域を縁取るように分布するため、その活動が巨大地震の発生とも関連する可能性があり注目されています。このスロー地震にも、プレート境界面にある水や含水鉱物が関係していると考えられています。

鉱物にトラップされた水は深くまで運ばれる

プレートが沈み込む際に、隙間にあった水の多くは浅いところで絞り出されるのに対し、鉱物にトラップされた水はさらに地球の深いところにまで運び込まれます。

地球内部で、温度や圧力が増していくと、安定な鉱物が変わっていきます。そのような作用を変成作用といい、プレートが沈み込んでいるところでは、鉱物が次々と変化しています。鉱物は、高い圧力でギュッと押されると、結晶構造が変わって密で硬い鉱物に変わっていきます。その中には、ヒスイやガーネットなどの宝石もたくさん含まれますし、いろいろな含水鉱物も出現します。ある意味、地球内部は宝石の生産工場で、プレート境界に位置する日本の下では、そのような宝石を含む変成岩がわんさかつくられています。

水を含んだ角閃石などの含水鉱物は、高温で不安定になりやすく、プレートが沈み込むなかで

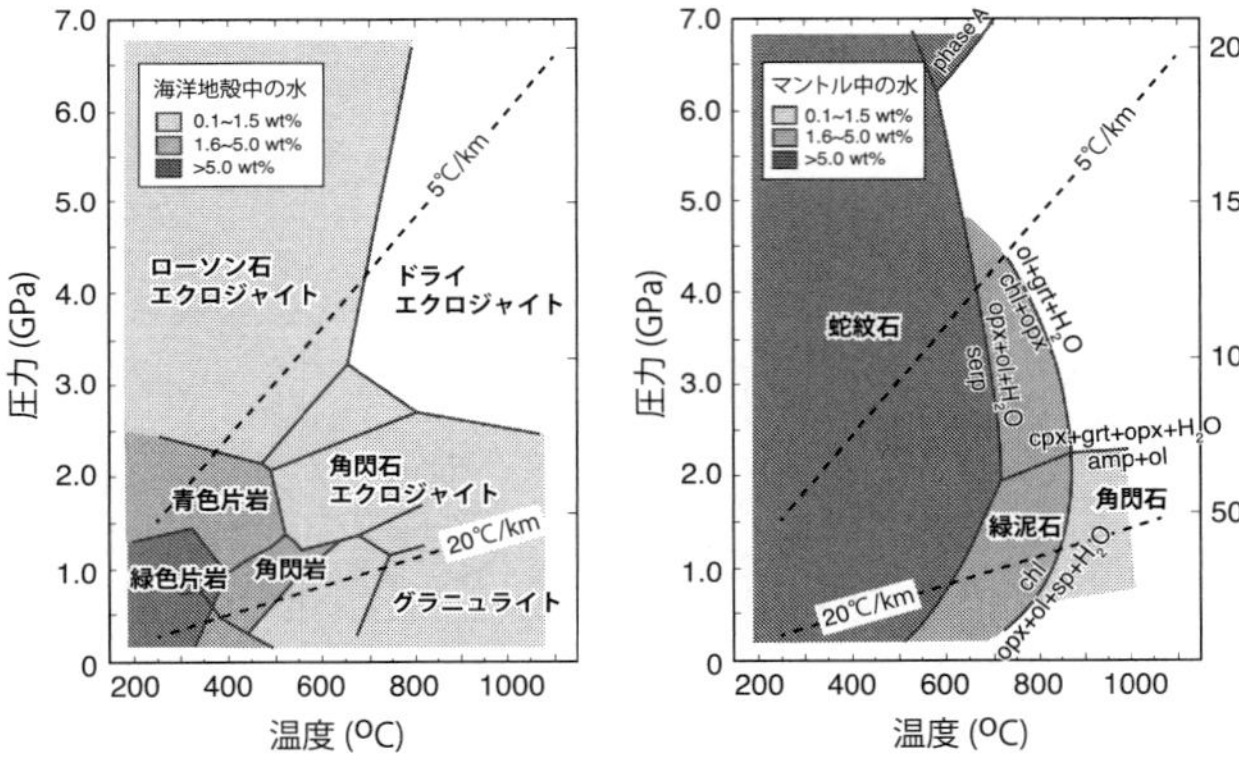

図4-12　海洋地殻とマントルでの含水量の温度圧力変化

分解され水を吐き出します。ところが、沈み込むプレートがとても古いと、プレートの温度が低いため含水鉱物が分解せず、地球深部まで水を運び込むことがあります。さらに深部でも、条件によっては新たな含水鉱物の出現により、水がそのまま違った含水鉱物に引き継がれることもあります（図4‐12）。

私が学生時代に卒業研究で取り組んだのも、この変成岩がテーマでした。といっても、もともと変成岩に興味があったのではなく、指導教員の丸山先生にどこの国に調査に行きたいかと問われ、その時の選択肢の一つであったカザフスタンを選んだのがきっかけです。卒論のテーマは内容ではなく、行ってみたい国で選んだという、なんと不純な学生だったことでしょう。

カザフスタンにはダイヤモンドを含む特殊な変成岩があり、私も調査隊の一員として現地の地質調査を行い、帰国してからその岩石を調べました。その変成岩のなかには水を含む鉱物も認められ、ダイヤモンドの結晶構造が安定な地下２００㎞くらいまで、水が運び込まれていることが明らかとなりました。

含水鉱物の分解によってプレート深部で吐き出された水は、周りの岩石よりも密度が小さいため、浮力によって上方へと移動します。そうすると、プレートの上側にあるマントルへ水が入り込み、蛇紋岩がつくられます。密度の小さな蛇紋岩は、時にはプレート境界にそって上昇することもあります。長崎県の野母《のも》半島では海岸線にそって数㎞以上も蛇紋岩が露出しています（図４-13）。まさに、マントルが水を取り込んだ証拠が地上でみられるのです。

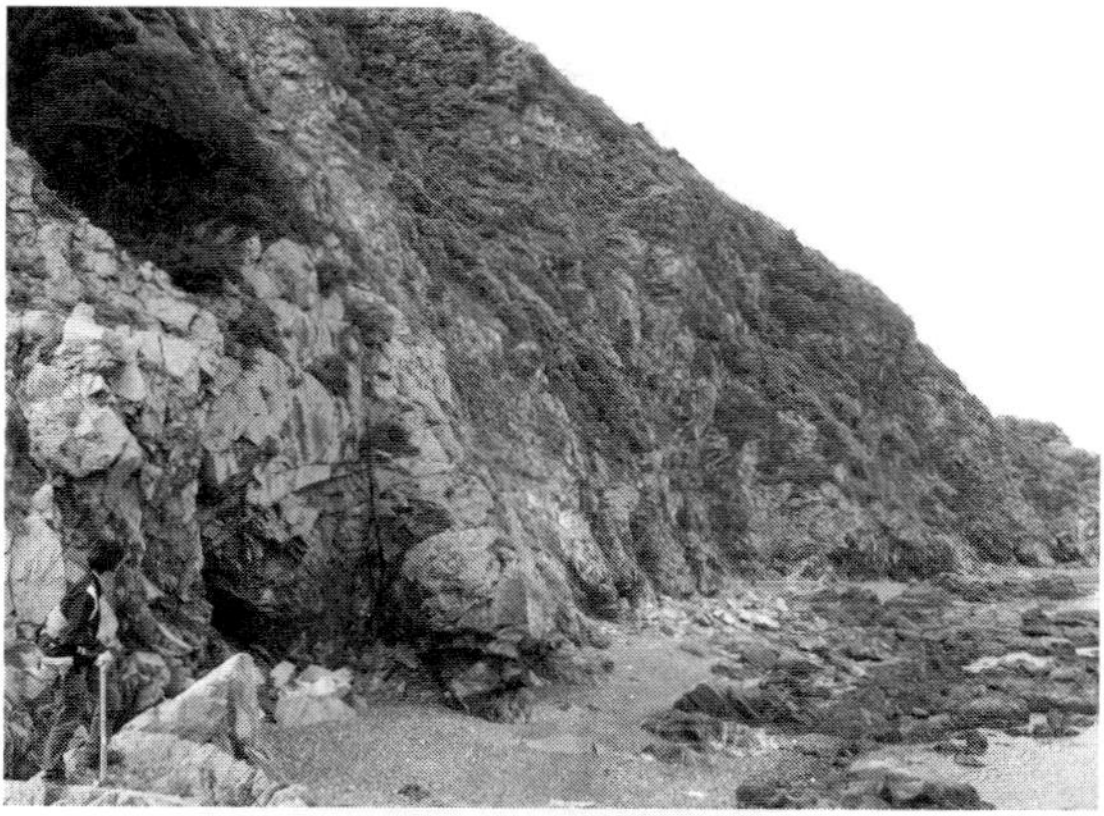

図4-13　長崎県野母半島にある蛇紋岩の海岸

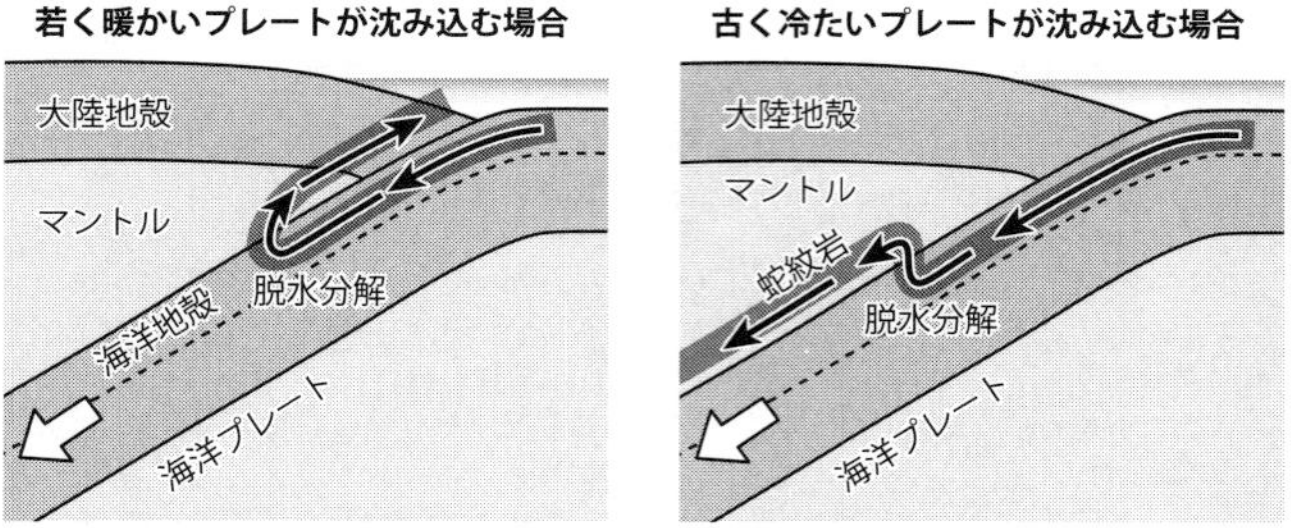

図4-14　プレートの温度によって異なる水循環

沈み込んだ水の運命

プレートは海水によって冷やされ続け、古いプレートほど冷たくなります。そのため、プレートの年齢によっては、沈み込むプロセスのなかで鉱物の組み合わせや含水鉱物が分解する条件が違います。

西南日本では、若くて暖かいフィリピン海プレートが沈み込んでいます。そこでは、含水鉱物が比較的浅いところで分解し、プレートから水が吐き出されます。それに対し、東北日本のように古く冷たい太平洋プレートが沈み込むところでは、含水鉱物が深いところまで安定に存在できます（図4-14）。

このような沈み込み帯での水の分布は、地震や火山の活動とも関係していると考えられます。西南日本では、プレート浅部でスロー地震が多くみられ、そのような地震はプレートから脱水した水や粘土鉱物がもつすべりやすい性質との関係が指摘されています。火山については、水が浅いところで放出される西南日本では火山があまり分布しないのに対し、水がプレート深部まで運ばれてから放出される東北日本では多くの火山がみられます。このような地震や火山の地域性は、水との関わりを通じて、沈み込むプレートの特徴を反映しているのです。

プレート境界でできる蛇紋石などの含水鉱物は、温度上昇によってほとんどが分解し、水はマグマに取り込まれ火山噴火によって地表に戻ってきます。ところが、アウターライズ断層でプレートの深部に取り込まれた水は、そう簡単には分解しません。地球内部へと沈み込んだプレートは、ホットサンドのようにその両側から暖められます（図4－15）。そのため、プレートの芯は温度が上がりにくく、より深いところまで蛇紋石が安定に存在することができます。

そのようなプレート深部へ取り込まれた水は、地球のかなり深いところまで運び込まれていると考えられます。温度が

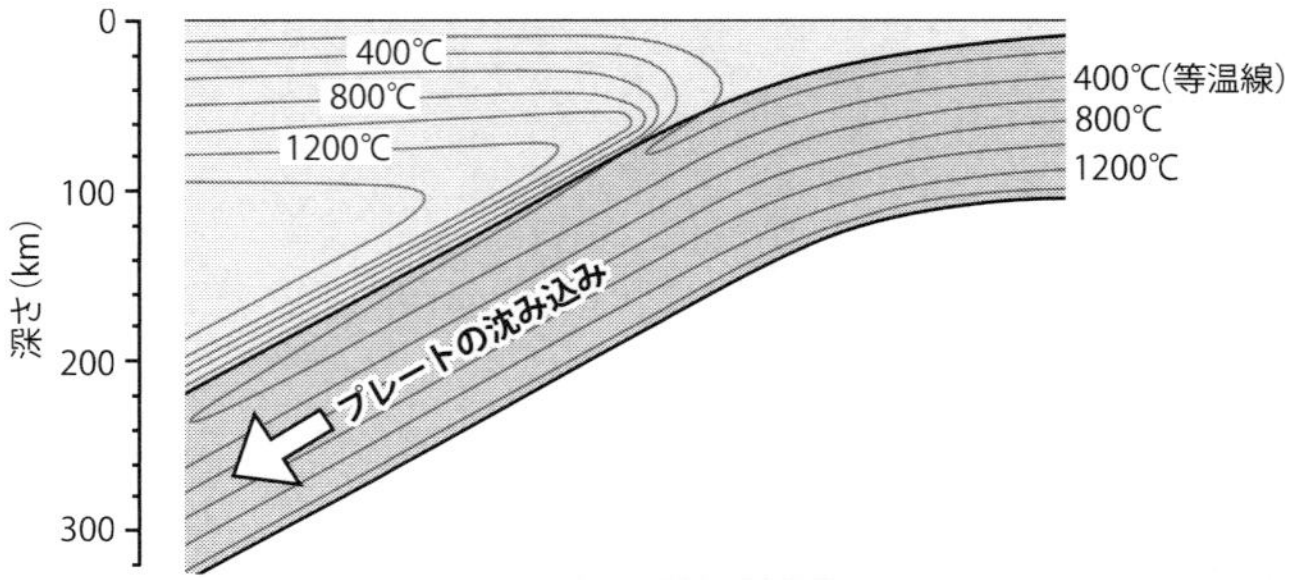

図4-15　東北日本での沈み込むプレートの温度構造(Peacock 2001にもとづく)

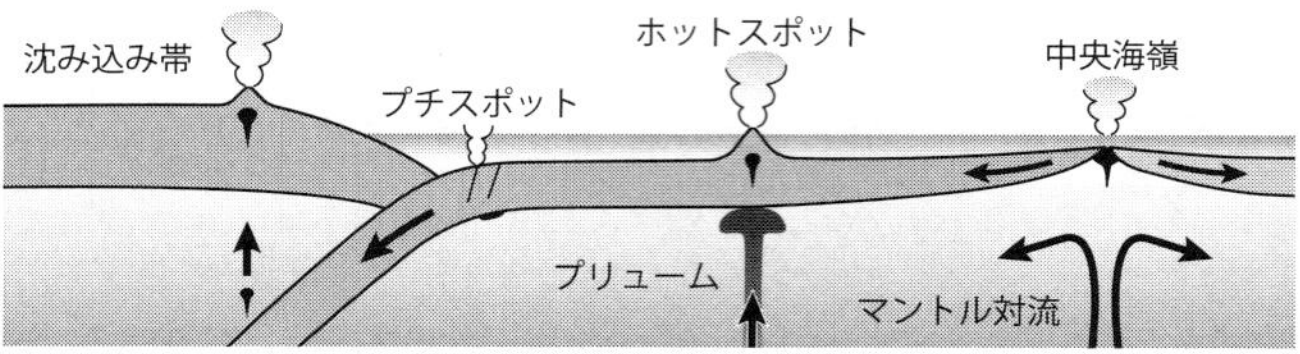

図4-16　地球上で火山が起きる場所

低いと、地球深部であっても様々な含水鉱物が安定的に存在できることが、超高圧実験からもわかっています。地球内部には、そのようにして蓄えられた水の貯蔵庫がいくつもあるのかもしれません。

4-4 火山活動による水の放出

マグマによって放出される水

地球内部へとプレートによって運ばれていった水は、マグマに溶け込み、火山噴火によって放出され、表層へと再び戻ってきます。

世界の火山には3つのタイプがあります（図4-16）。一つは、プレートが引き裂かれる中央海嶺でできる火山です。地球全体で噴出するマグマの約7割を占めます。二つ目は、ハワイ諸島のようなプレートの中にポツンとあるホットスポット火山です。これは、地球深部からのマントルの上昇流によって生じます。最後は、プレートの沈み込み帯で発生する火山で、日本の火山はこのタイプです。いずれの火山のマグマにも水が含まれ、噴火によって地球内部から水が吐き出されています。

とくに、沈み込み帯で発生する火山には多くの水が含まれます。冷たいプレートが地球内部へ潜り込むにもかかわらず、沈み込み帯でマグマが発生しているのは、プレートから絞り出された水によって岩石が溶けやすくなるからです（図4-17）。マントルに水が加わると、その融解温度がグッと下がることで、低温のマントルでもマグマができるのです。そのため、沈み込み帯の火山では、中央海嶺やホットスポットの火山に比べ、水をたくさん含むマグマが噴出します。また、水以外では二酸化炭素も多く含まれるのが特徴です。

中央海嶺やホットスポットで噴出するマグマにも、少量の水が含まれます。これらの火山は、沈み込み帯

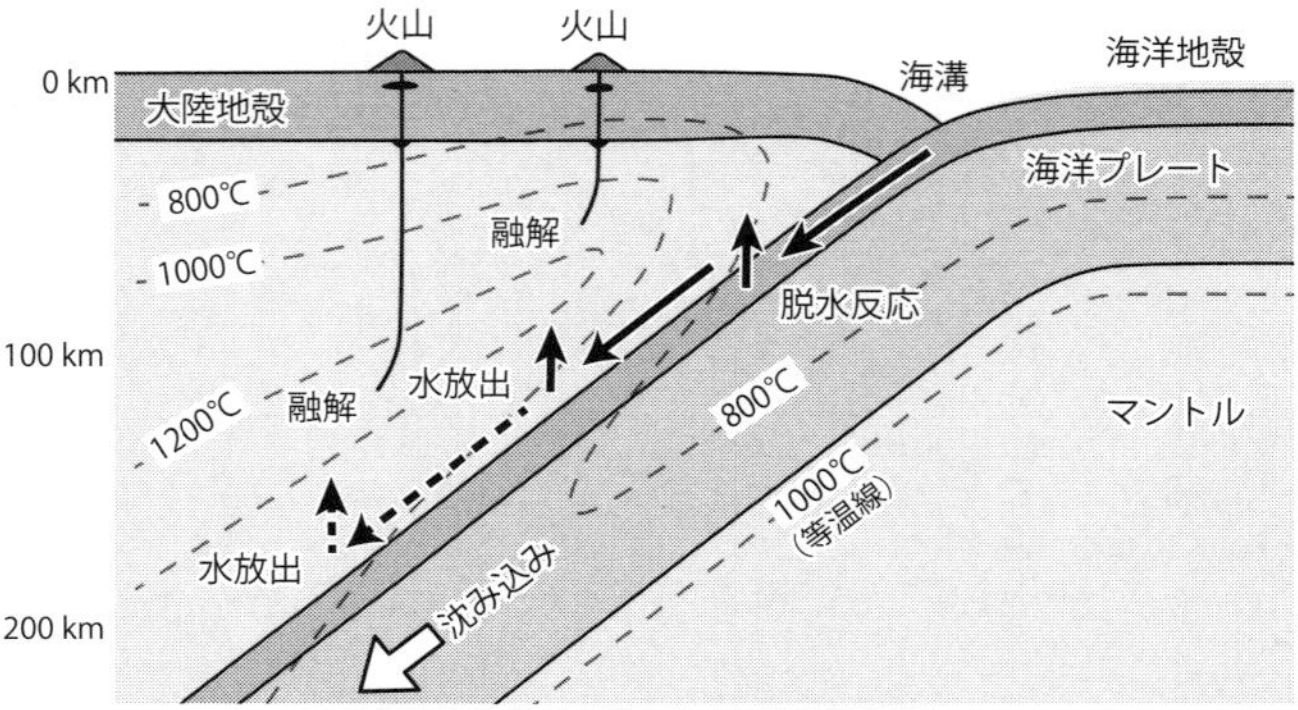

図4-17　沈み込み帯で発生するマグマ（巽 1995にもとづく）

でマグマができるものとは違い、マントル対流によって地球内部から熱い物質が上昇することでマグマがつくられています。そのようなマグマにも水が含まれるということは、地球の深いところにも水がある証拠といえます。

最近になって、これら3つとは異なるタイプの火山が、日本の研究チームによって発見されました。プチスポットと呼ばれる火山です。海溝付近でプレートが折れ曲がるところにできる、小さな海底火山です。他の火山のように大規模に噴出するわけではないので、詳細な海底地形の探査と潜水艇による岩石採取によって明らかとなりました。まさに日本のお家芸です。

プチスポットの最初の発見は日本海溝でしたが、その発見以降、トンガ海溝やチリ海溝など世界各地でみつかっています。プレートが折れ曲がるところでは、引っ張りの力によりできる断層沿いに海水が浸入するのと同時に、その亀裂を通って地球内部からマグマが噴出しているのです。もちろん、このプチスポットの火山にも、水や二酸化炭素がたくさん含まれています。

ダイナミックな噴火は水が原因

マグマに溶け込んでいる水は、噴火現象とも関係しています。マグマにはたくさんの水や二酸化炭素が溶け込んでおり、それらは圧力が下がるとマグマから分離して発泡します。液体の一部

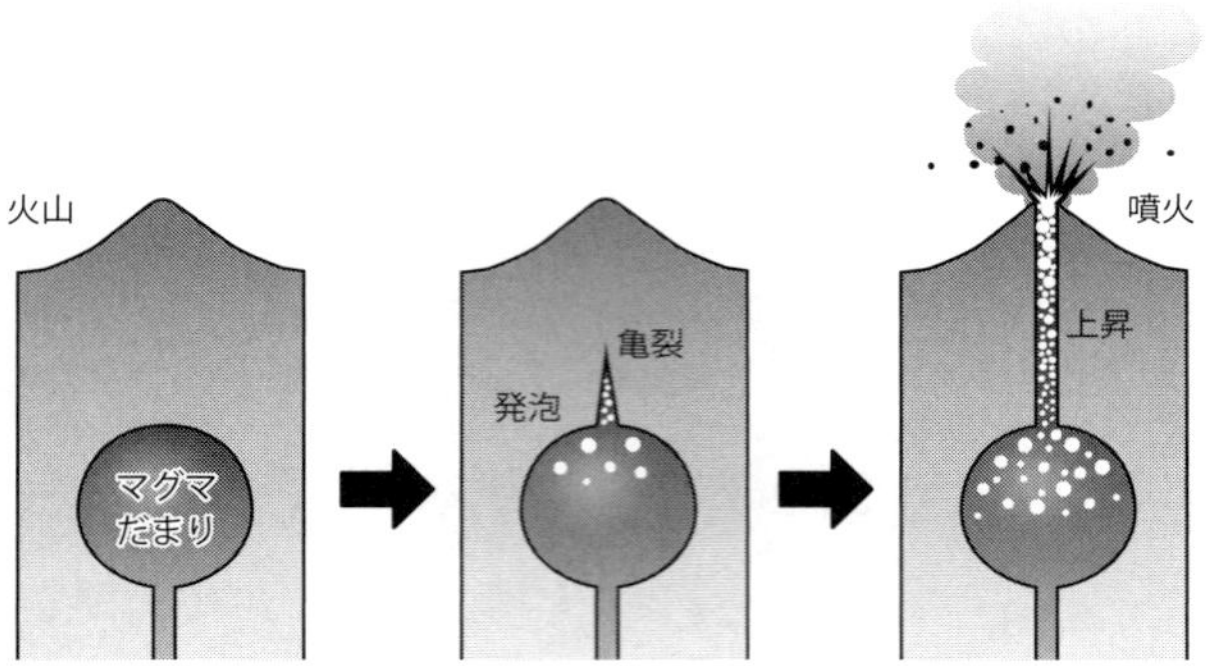

図4-18　マグマの発泡と噴火プロセス

が気体になり体積が増えると、マグマだまりのなかに亀裂が生じます。亀裂に沿ってマグマが上昇していくと、圧力が下がってますます発泡し、地表から噴出することで爆発的な噴火が起きます（図4－18）。炭酸飲料を飲む時に、泡が吹き出すのと同じようなしくみです。火山砕屑物の一つである軽石には、たくさんの穴がみられます。それらはマグマ中の水や二酸化炭素が蒸発して抜けでたものです。

噴火によっては、噴煙が上空20㎞以上にものぼり、成層圏に達するものもあります。1991年に起きたフィリピンのピナツボ火山の噴火では、エアロゾル粒子が成層圏に何ヵ月もとどまりアルベドが大きくなったことで、北半球の平均気温が0・5℃くらい下がったといわれています（図4－19）。火山の噴火は、マグマの性質にもより、粘性が低いマグマからは水などの揮発成分が抜けやすいため、穏やかな噴火になりま

図4-19　1991年に発生したフィリピンのピナツボ火山の噴火 ©USGS

す。ハワイでは、粘性の低い玄武岩質マグマにより、激しい噴火というよりも溶岩が緩やかに広く流れ出して盾状火山をつくっています。

日本はプレートの沈み込み帯に位置するため、多くの火山があり、温泉や熱資源などその恩恵を受ける一方で、火山による災害も発生しています。１９９１年に長崎県の雲仙普賢岳で発生した火砕流は、火山研究者を含め多くの命を奪いました。火砕流は、高温の火山ガスと火山砕屑物が混ざり合ってものすごい速さで流れる現象です。発生してから避難するのは難しいのです。また、２０１４年に御嶽山で起きた水蒸気爆発では、突然の噴火によって多数の被害者がでました。水蒸気爆発は、火山地帯の地下水がマグマに間接的に熱せられ、体積が増えて一気に爆発する現象で、突発的に起こるため予測がとても難しいのです。

火山による被害を少なくするため、活動的な火山の周辺地帯では様々なモニタリングが行われています。地下での水やマグマの分布には、地震波速度や電気伝導度が敏感であるため、日本全国に張りめぐらされた観測点で、火山地域の地下構造が監視されています。

また、傾斜計や人工衛星による地形の変化も利用されています。火山噴火の前には、マグマだまりが膨れるため、地殻変動をとらえることができれば、噴火の予測や切迫度を評価できるのです。2014年に打ち上げられた観測衛星「だいち2号」は、最新の合成開口レーダーを搭載しており、地表の変化を数cmの精度で計測できます。これまでに箱根や桜島、新燃岳《しんもえだけ》などで数cmの地殻変動を検出しており、現在も継続してモニタリングを行っています。

地球史のなかでの破局的な噴火

沈み込み帯での火山の噴火は、プレートから水が供給されることで起こるため、発生に周期性があります。富士山は約100年周期で噴火を繰り返しており、1707年の宝永噴火を最後に300年以上も噴火していないので、そろそろといわれています。一方、阿蘇山や鹿児島湾をつくったようなカルデラ噴火は、もっと長い数万年くらいの時間スケールで繰り返し起こっていま

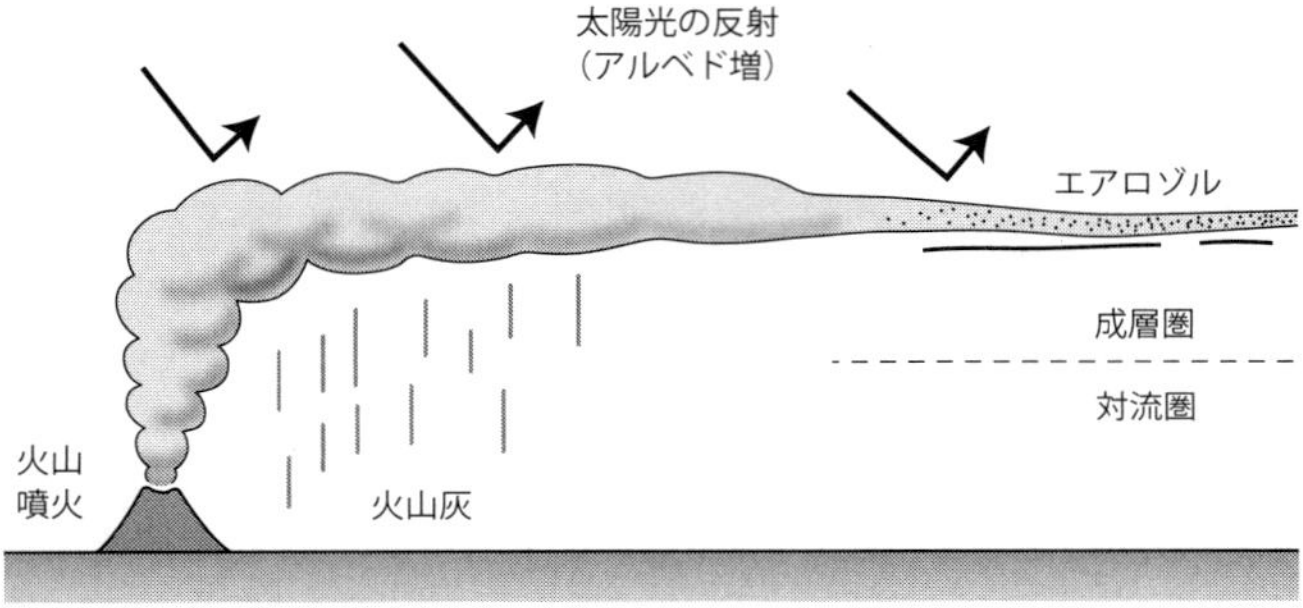

図4-20　破局的噴火による「火山の冬」

す。

阿蘇山で9万年前に起きた噴火では、火砕流が海を渡って山口県にまで到達したといわれています。日本全土に大量の火山灰が降り積もり、関東でも20cmに達しました。縄文時代の約7300年前に、鹿児島県の沖合で起きた鬼界カルデラ噴火は、それまでに発達していた縄文文化に大打撃を与え、九州地方は1000年くらい人の住めない不毛の地になったといわれています。

世界に目をむけると、西暦79年のローマ時代に起きたヴェスヴィオ火山の噴火は、イタリア南部の街ポンペイを飲み込みました。降り積もった火山灰の下に眠った噴火発生時の様子が残され、現在は世界遺産に登録されています。インドネシアのトバ火山は、約7万年前に起こったカルデラ噴火で、全世界的に火山灰が降り積もりました。成層圏まで巻き上げられた火山灰やエアロゾルは太陽光線を遮り、地球の平均気温が5℃近く低下しました（図4-

20)。このいわゆる「火山の冬」と呼ばれる急激な寒冷化によって、その当時の世界の総人口がかなり減ったとされています。

地球史のなかでは、さらに大きな規模の噴火があります。約2億5000万年前のペルム紀末に起きた世界的な火山噴火です。この噴火は、シベリアの地下に超巨大なホットプリュームが上昇し、大量のマグマがつくられたことが原因とされています。

地表に放出された大量の火山灰やエアロゾルによる火山の冬が長期間にわたり続き、陸上の光合成生物は大打撃を受けました。また、海にいた三葉虫や腕足類など多くの無脊椎動物が絶滅し、海水中の酸素が欠乏することで、海底にいた好気性の微生物もほとんど死に絶えました。これを境に地質時代は、古生代と中生代に分けられ、地球史のなかで最も大きな大量絶滅が起きたとされています。世界的な火山噴火はその引き金になったのです。

このように、火山噴火は生き物にとって負の面もありますが、火山による物質循環があるおかげで地球のサイクルは成立しています。火山がなければ、水や二酸化炭素は地球内部へ溜め込まれる一方です。そうすると地球表層の気候は安定しませんし、海も持続的には存在できません。火山活動はある意味、地球が生きている証しでもあり、それを駆動しているのは地球内部の熱であり、「水」の存在なのです。

コラム4 海底に眠っている資源

地球上の7割を占める海底には、じつはまだまだ利用できていない海底資源がゴロゴロ眠っています。

世界のエネルギー供給は、石油や天然ガスなどの化石燃料からシフトしつつありますが、それでも現在の7割以上のエネルギーは化石燃料に頼っています。化石燃料は使えば減る一方ですので、その資源には限界があります。しかし、海底の地層には、まだまだ石油や天然ガスが大量に眠っていて、海底での埋蔵量は世界全体の1/4以上になります。1970年代には、石油はあと30年くらいで枯渇するといわれていましたが、今では可採年数は50年以上あるとされていま す。これは、海底油田の発見を含め、採掘できる埋蔵量が増えているからです。

水と岩石の反応が激しく起こる中央海嶺などの海底では、金属資源が広く分布しています。熱水噴出孔の周りでは、熱水に溶け込んだ成分から金属元素が大量に沈澱します。そこには、硫化鉱物や、金、銀、鉄、鉛、銅、コバルト、ニッケル、モリブデンなどの金属がたくさん含まれます。また、日本周辺の伊豆小笠原弧や沖縄海域でも海底火山に伴う熱水性硫化物鉱床がみつかっています。私たちは、これらの一部が陸上に付加したものを利用しているわけで、海底にはそれらの資源がまだまだたくさん眠っているのです。

海底火山から噴き出た熱水には、たくさんの金属元素が含まれ、海山周辺にもマンガンクラストやマンガン団塊が海底を広く覆っています。マリアナ海溝で採れた岩石の多くも、マンガンクラストに覆われていました。これらの主成分は鉄とマンガンの酸化物で、なかにはニッケル、コバルト、チタン、白金などのレアメタルがたくさん含まれることもあります。南鳥島南方に位置する拓洋第5海山付近では斜面を覆い尽くすマンガン団塊が確認され、2020年にはエネルギー・金属鉱物資源機構（JOGMEC）が中心となって重機を海底に下ろし、水深900メートル付近からこれら海底資源の採掘に成功しています。

南鳥島周辺の海底でみられるマンガン団塊 ©JAMSTEC

ハイテク産業に必要な強力な磁力をもつネオジムなど、レアアースが濃集する泥も海底でみつかっています。レアアース泥《でい》は、海底火山から噴き出した熱水プリュームが移動するあいだ、海水中のレアアース元素を吸着しながら沈積したものです。南鳥島周辺の日本の排他的経済水域で初めてみつかったもので、レアアースの輸入が難しくなっているなか、現在注目されている海底資源です。ちなみにレアアース泥を発見した東京大学の加藤泰浩さんは、もともと丸山先生らと一緒にオーストラリアのピルバラの調査をしていた方で、陸上での丹念な地質調査から海底資源発見のヒントを得たのでしょう。

第5章

地球内部へと吸収される海

海の存在のおかげで地球は生命の宿る惑星となりました。その海はこれからも永遠にあり続けるのでしょうか？　最新の研究では、現在は海水量が少しずつ減りはじめていて、数億年後には海が消滅してしまう可能性が指摘されています。本章では、どのようなメカニズムで海水の量がこれまで維持されてきたのか、そして今後なぜ海がなくなろうとしているのかを説明したいと思います。

5-1 海水量の変動

海の量を決めたもの

地球の水は、もともと微惑星や隕石に含まれていたものであることを1章で説明しました。地球に飛来する隕石には、ばらつきはあるものの1％ほどの水が含まれています。ところが、水の総量は、地球全体の0・023%でしかありません。大気中の水蒸気にいたっては海水の10万分の1程度です。地球上での水量はどのようにして決められ、そしてもともと大量にあったはずの水は、どこへ行ってしまったのでしょうか。

地球は、誕生した頃、マグマの海であるマグマオーシャンに覆われていました。微惑星や隕石に含まれていた水は、大気中に放出されるとともに、マグマオーシャンにも溶け込んだと考えられます（図5－1）。

大気中の水蒸気圧が上がると、マグマオーシャンに溶け込む水量が増えるのに対し、水蒸気圧が下がると、マグマオーシャンに溶け込めなくなった水が大気に放出されます。そのような繰り返しによって、大気中の水蒸気の量がある一定の平衡状態になります。

そのため、微惑星や隕石に含まれていた水量にかかわらず、地球初期の大気に含まれていた水量は、平衡状態になるように決まっていたと考えられます。そして、大気に含まれていた水蒸気は、地球が冷えていくなかで雨となって降り注ぎました。原始大

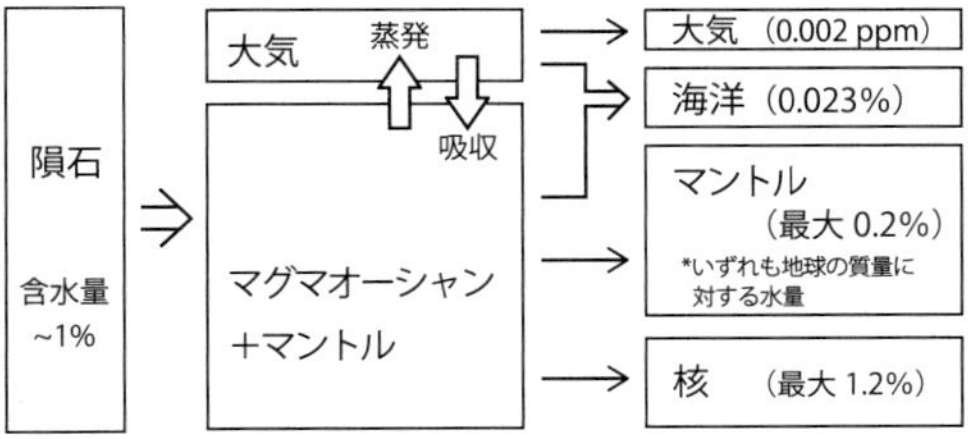

図5-1 地球の水の再分配

気の水蒸気量が海水の総量を決めたということです。

地球内部にある水のリザーバー

では、海水とならなかった残りの水がどこに行ったかというと、地球内部のマントルに取り込まれた可能性が高いと考えられます。とくに厚いマグマオーシャンが存在していたのなら、その深部の高圧条件では、たくさんの水がマグマに溶け込むことができ、そこから結晶化する鉱物にも水が取り込まれます。高温では含水鉱物は存在できませんが、高圧下では結晶格子の隙間に大量の水素を取り込む鉱物があることを前に説明しました。

しかし、地球内部に大量の水が蓄えられるとのシナリオはあくまで仮説であって、実証されているわけではありません。地球内部を通過する地震波の速度は、鉱物中に含まれる水素によって変化しますが、その変化の幅は小さいのに加え、地震波速度は温度によっても変化します。そのため、地震波速度だけから地球内部の水量を正確に見積もるのは難しい面があるのです。マントルのどこにどれくらいの水があるのか、地震波の速度や減衰を含め、様々なアプローチによる研究が現在も続けられています。

水の行方のもう一つの可能性は、地球内部の核に水が取り込まれたとの考えです。マグマオーシャンから金属鉄が分離し、そのような鉄は地球中心へと集まり核をつくりました。最新の高圧実験によると、水はマグマよりも鉄に入りやすい性質をもつため、核には大量の水（水素）が取り込まれた可能性があります。地震波速度から推定される核の密度は、鉄とニッケルの合金よりも明らかに軽いことがわかっています。そのため、何かしら軽い元素が核に溶け込んでいると考えられ、その有力な候補が水素であるといわれています。

核に入りうる水の最大量は、地球の質量に対して約1・2％、つまり地球に供給されたすべての水を蓄えうるポテンシャルをもちます。しかし、他の軽元素である炭素や硫黄、酸素でも、核の密度低下を説明することができるため、核の化学組成はまだ決着がついていません。海以外の水のリザーバーがどこにどれくらいあるのか、多くの研究者が追いかけています。

気候に左右される海水準

海水の量は、陸上に氷床ができたり、それが溶けたりすることによって変化するため、気候変動とも密接に関係しています（図5－2）。陸地に対する海水面の相対的な高さである海水準は、温暖期には陸上の氷が溶けて海水が増えることで上昇します。逆に寒冷期には、蒸発した海水が雪となって降り積もり、陸上で氷床となってとどまるため、海水準は低下します。ちなみ

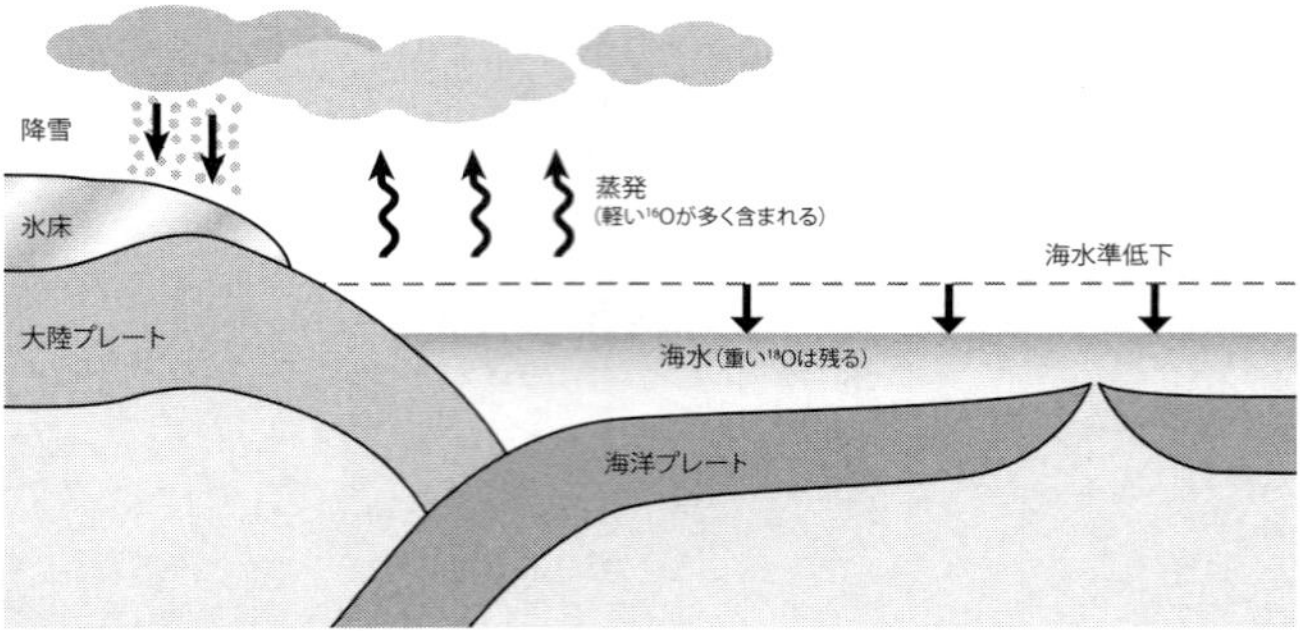

図5-2　表層環境と海水準の関係

に、海の上で氷ができたり溶けたりしても、アルキメデスの原理から海水としての体積は変わらないので、海水準には影響を及ぼしません。

過去の海水準の変動は、海底に積もる堆積物の酸素同位体を使って推定されています。酸素の同位体には、通常の^{16}Oに加えて、中性子の数が異なる重い同位体^{18}Oがあります。海水が蒸発する時には、軽い酸素（^{16}O）が水蒸気に多く含まれ、重い酸素（^{18}O）が海にとり残されることを利用して、海水量の変化を読み取るのです。また、サンゴ礁や浅海の海成層を用いた推定も行われていますが、それらはその地域のローカルな現象にも影響を受けます。

グローバルな海水準は、周期的な変化を繰り返し、時には現在よりも100m近く低下している時代がありす（図5－3）。約2万年前の海水準はかなり低く、日本の一部とユーラシア大陸は陸続きでした。この時代には、マンモスなど大型生物が渡来するのを追いかけて、縄文人の祖先が日本に渡ってきたとされています。

　海水準変動の周期性は、全地球規模で氷期と間氷期が繰り返していることを意味しています。現在は間氷期にあたるので、数万年先には氷期が再び訪れ、地球は寒冷化して海水準が低下することになります。約10万年周期で繰り返している気候変動の要因は、太陽のまわりを公転する地球の軌道が変わることにあるとされます。また、地球の自転軸の傾きが変化することも、気候変動の周期性に関係すると考えられています。

　一方、人為的な二酸化炭素の放出による地球温暖化によって、短期的な海水準の変化もみられます（図5－3）。温暖化により陸上の氷床や氷河が溶けることで海水の量が増え、徐々に海水準が上がってきています。また、海水の量は熱膨張によっても変化し、温度が1℃あがると体積が0・01％ほど増えます。そのため、水深5000mの海水が一様に1℃上昇した場合、海水面は50cm上昇することになります。

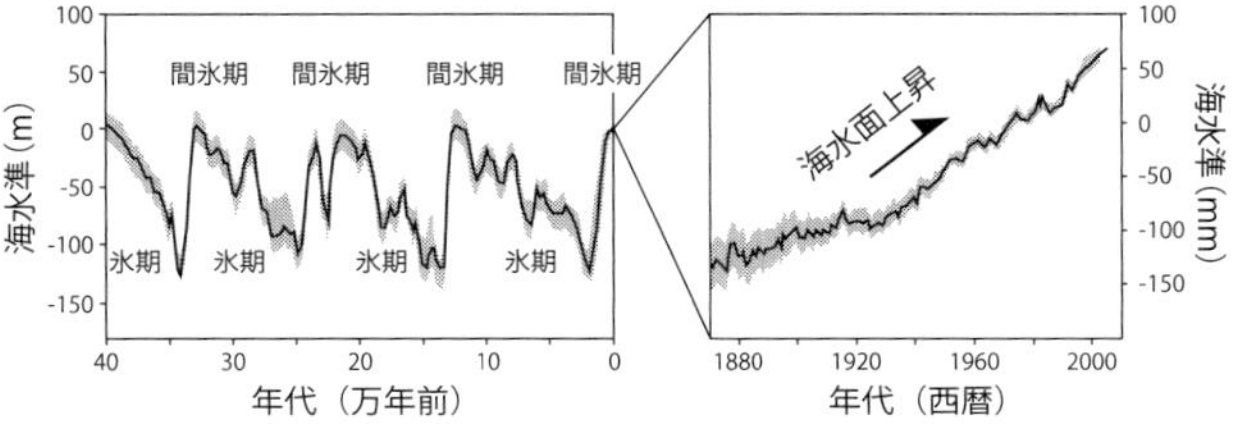

図5-3　過去40万年と1870年以降の海水準変動（図で縦軸の単位が違うことに注意）

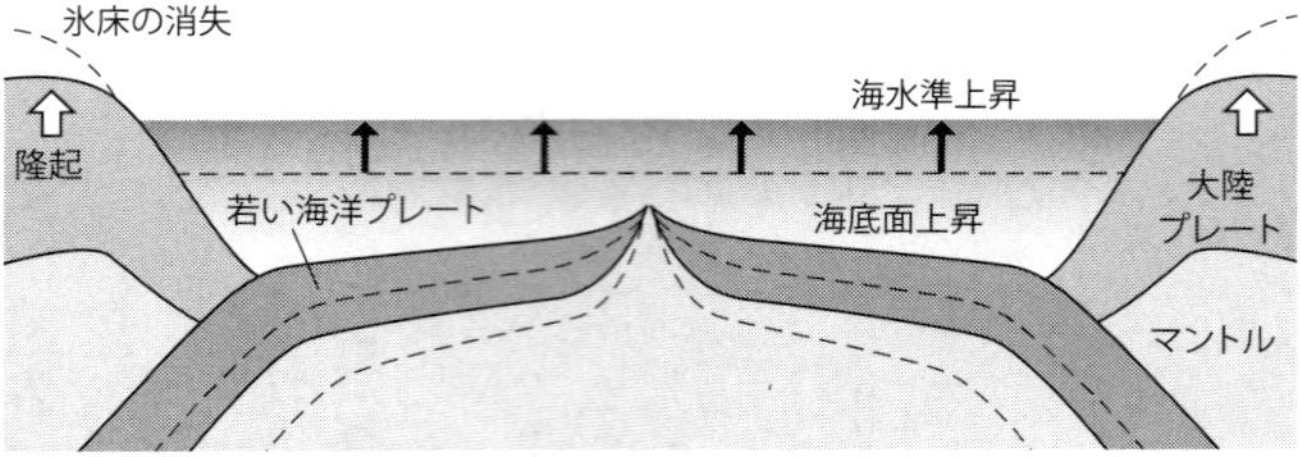

図5-4　地殻変動と海水準の関係

このように気温の上昇は、氷床の融解と海水の膨張のダブルで海水準の上昇に効くのです。今後の海水準がどのように変動するかは、モデルや温暖化対策にもよりますが、2100年には最大で1mほど上昇する可能性がIPCCから報告されています。

海水準は地殻変動にも応答する

長期的な海水準の変動は、海水が入っている器の変化、すなわち地殻変動にもよります。水の量が同じでも、大きな底のコップに入れた水は、小さな底のコップよりも水面が下がります。海底は隆起したり沈降したりするので、海底の地殻変動によっても海水準が変化するのです（図5-4）。

海底の地殻変動は、地球史のような長い時間スケールでの海水準の変化と関係します。大陸に残された堆積岩から推定される海水準変動は、数億年での周期的な変化を示します（図5-5）。海水準が低い3億年前頃は、ちょうど超大陸パンゲアが形成されていた時期で、この周期的な変動は超大陸の合体・分裂と関係していると考えられています。

　超大陸の形成時のように大陸が一つに集まるときは、古い海洋プレートが広く横たわっているため、プレートが冷たく密度が大きくなります。重たくなった海底が沈降することで、海水準が低下すると考えられるのです。一方、大陸が分裂するときには、新しいプレートが多くできるため、海底の密度は軽くなって隆起し、海水準は徐々に上がっていきます。

　また、氷床が溶けることで大陸の重みが取り除かれ、地殻が隆起することもあります。地殻がマントルの上に浮いているというアイソスタシーの考えでは、地殻の上にある重みが取れると、地殻全体が持ち上げられるのです。一方、氷床が溶けて海水が増えると、海水全体の重み

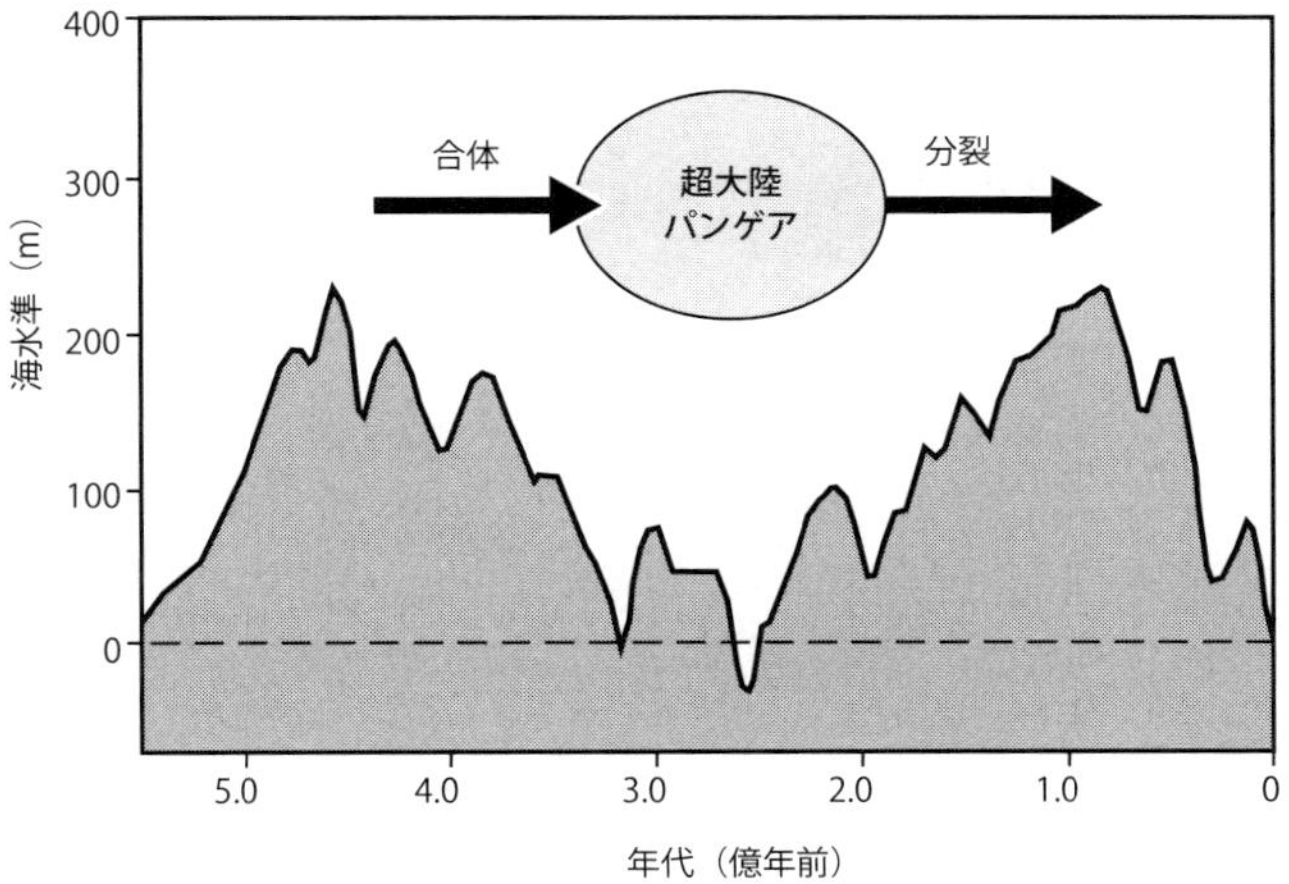

図5-5　顕生代の海水準変動（Haq and Schutter 2008にもとづく）

が増すことで海底は沈降します。そうすると海水準は下がり、海水の量が増えることとは逆方向に働きます。

このような変化は、地殻の下のマントルの流動的な変形によって起こるため、ゆっくりとした変動になります。最終氷期以降の氷床の融解によって、北米のハドソン湾やスカンジナビア半島では、現在も年間１cm程度の速さで隆起が続いています。日本では、約７０００年前の縄文海進以降に海水準が少しずつ下がってきています。これは氷床の融解による海水準の上昇だけでは説明がつかず、海水全体の重みが増すことで、太平洋の海底がゆっくりと沈降していることが原因であると考えられています。

一見まったく関わりのないようにみえる表層環境と地球内部は、お互いの物質のやり取りがなくても、重力変化とマントルの変形というかたちでつながっているのです。このように海水準の変動には、海水の総量の変化だけでなく、地殻変動も含めたいろいろな要素が含まれます。もちろん火山活動による脱ガスや、海底での水と岩石の反応も影響します。そのため、いかにコンピューターを駆使しても、将来的な予測がなかなか難しいのが現状なのです。

5-2 海を維持するメカニズム

太古から変わらない海水量

原生代以前のさらに古い時代まで遡ると、堆積岩などに残されている情報も限られ、海水準がどのように変化したかはよくわかっていません。ただし、過去5億年のあいだでも、たった数百メートルの変動しかなかったわけですから（平均的な水深に対して10％以下）、そんなに大きくは変わらなかったと考えるのが自然でしょう。

太古の海水量を知る上で、一つ手がかりとなるのは、その時代にできた岩石の中にある流体包有物です。流体包有物とは、鉱物ができるときや成長するときに、その場にあった流体が鉱物の中に取り込まれたものです。その当時の流体が、タイムカプセルのようにそのまま保存されているのです。オーストラリアのピルバラにある約35億年前の熱水変質でできた岩石には、その当時の流体が流体包有物と

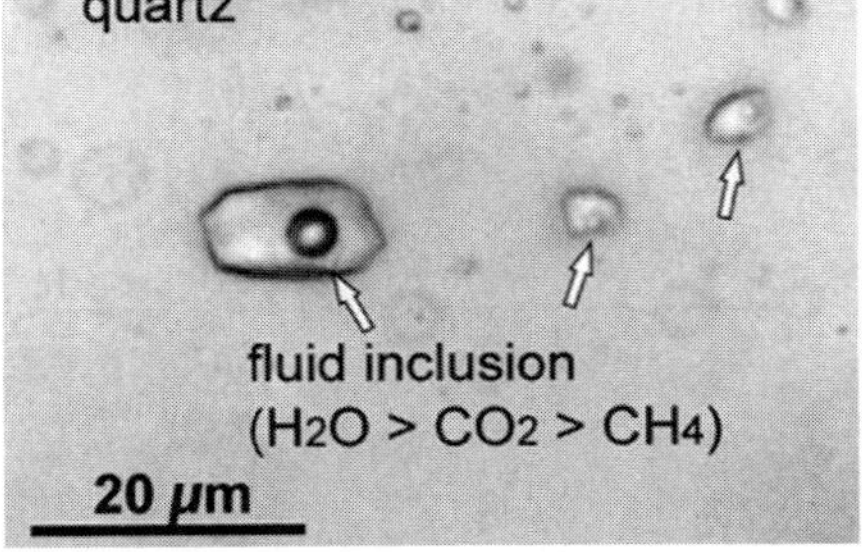

図5-6　太古の海水をそのまま保存した流体包有物
(Ueno et al. 2007)

して取り残されています（図5－6）。流体包有物は、主に水からなりますが、二酸化炭素やメタンも含まれます。熱水条件下で流体に溶け込んでいたガス成分は、温度や圧力が下がったことで気相として分離しています。

この流体包有物やその周りの岩石を調べると、熱水変質の温度や圧力条件がわかり、その当時の水深が推定できます。その結果、約35億年前の中央海嶺の水深は1600mくらいで、現在の中央海嶺の平均的な水深2500mに比べて、あきらかに浅いことがわかりました（図5－7）。そうすると海水の容器が小さいことから、海水の量は今よりもかなり少ないことになります。

ところが、大陸の割合は地球史を通じて増え続けているため、太古代の大陸は今よりもずっと少なかったはずです。仮に、その当時の海と陸の割合を9対1だとすると、水深が浅くても海の

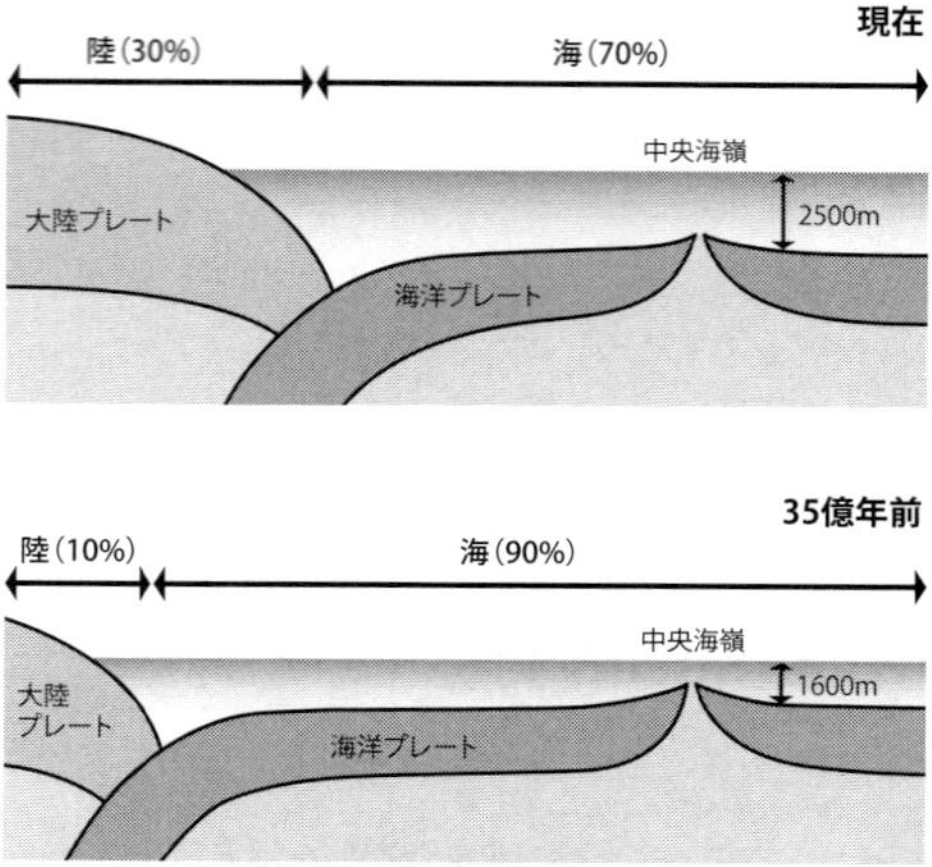

図5-7　現在と太古代（35億年前）の海水量

面積が広いことで、太古代と現在の海水の量は、ほとんど同じということになります。これはざっくりとした見積もりですので、海水準の変化までは議論できませんが、太古代でも海水の量は今とあまり変わらなかったのかもしれません。

地球史のなかでは、活発な火山活動によって大量に水が放出された時代もあるでしょうし、プレートの沈み込みが盛んで地球内部への水の吸収が多かった時代もあると考えられます。それでも、海水の総量がほぼ一定に維持されてきたのは、何かしらの理由があるはずです。次に、地球の歴史を通じて海水量を一定に保ったメカニズムについて説明したいと思います。

マントル対流によって調整される海水量

海水の量が地球史を通じてほぼ一定であったのは、プレートによる地球内部への水の流入と、火山活動による地球内部からの水の放出のバランスがうまく取れていたからです。そのような動的な平衡を保つには、地球内部への水の流入量が多くなると放出量が多くなるような負のフィードバック、すなわちシステムを安定化させるメカニズムが働いていたはずです。その一つの候補がマントルの流動的な変形に対する水の効果です（図5‐8）。

マントルを構成する鉱物に微量の水が取り込まれると、マントル対流のような流動的な変形がしやすくなることを1章で説明しました。プレートが一つの剛体として振る舞うのは、中央海嶺でマグマができる時に、プレートから水が抜き取られて硬くなることが原因と考えられています。

同じロジックを使うと、火山活動が活発な時代には、多くの水がマントルから抜き取られるため、マントルは硬くなって動きにくくなります。そうすると、マントルの対流運動がゆっくりとなり、火山活動が次第に抑制されていくと考えられるのです。火山活動が穏やかになると、今度はプレートの沈み込みによる地球内部への水の流入の方が優勢になります。その場合、マントルに水が多く吸収されることで、流動的な変形が起こりやすくなって対流運動が速くなり、火山活動が再び活発になっていきます。

このように、マントルの流動的な変形に対する水の効果が、地球内部への水の流入と放出を調整し、動的な平衡を保つように働いているという考えがあります。しかし、地球は内部熱エ

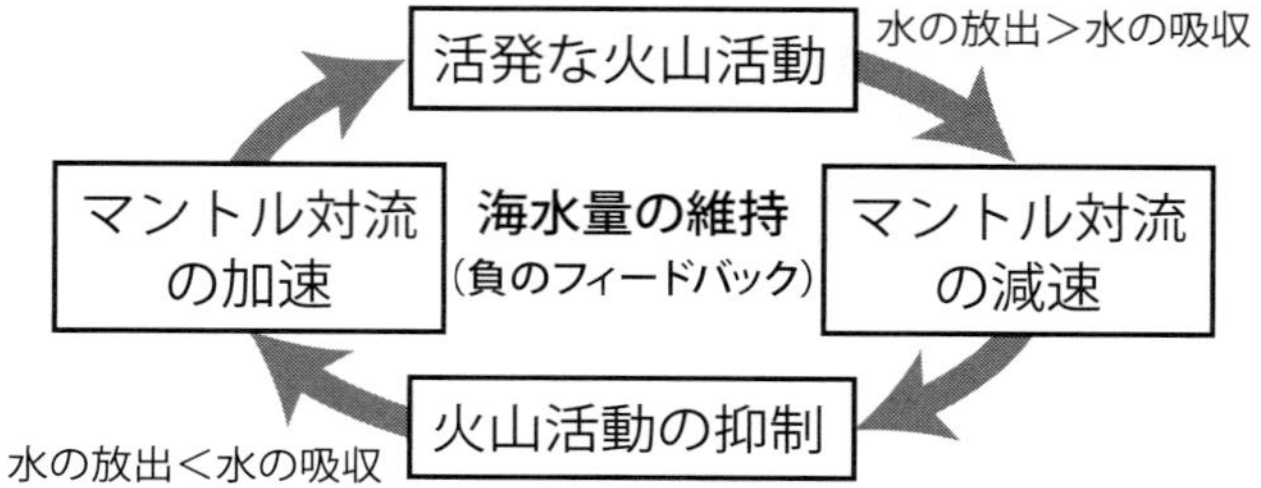

図5-8　マントルの流動変形に対する水の効果による海水量の調整メカニズム

ネルギーを消費することで、少しずつ冷えていきます。流動的な変形は温度にもより、温度が低下することでマントルは徐々に硬くなっていきます。そのため、地球内部の水量が一定であり続けるなら、マントル対流や火山活動も抑制されて、海水量を維持するのは難しくなってしまいます。

海底での熱水変質によるフィードバック

海水量を維持するもう一つのメカニズムは、中央海嶺での熱水循環の深さが、海水量をコントロールするとの考えです(図5－9)。中央海嶺では、海水と岩石が激しく反応し、海水の一部が岩石に取り込まれます。その熱水変質が起こる深さは、海底下の温度と圧力によって決まります。熱水は超臨界状態という液相と気相の境目がなくなる状態で最も動きやすい性質をもちます。その条件において最も活発な熱水循環が起き、大量の海水が岩石に取り込まれるのです。

海底下の圧力は、水深と岩盤の厚さの組み合わせによって決まります。水深が浅いと、海底の深いところで熱水循環が活発になるように圧力が加わります。そうすると、海水は地殻深部まで入り込み、地殻に多くの海水が取り込まれます。その水はプレートの沈み込みによって地球内部へと運ばれ、火山活動による水の放出が増えることで、海水量が増えて水深が深くなっていくと考えられます。

逆に水深が深くなると、海底の浅いところで熱水循環が起き、地殻での海水の取り込み量が減ります。その場合、地球内部へ運ばれる水が少なくなり、火山からの水の放出も減って海水準は全体として下がっていきます。このような海底での熱水循環の深さが、負のフィードバックによって調整され、地球史を通じて海水の量がほぼ一定に保たれたという考えもあります。

ところが、太古代での中央海嶺の深さは現在よりかなり浅かった可能性が高いことを先に述べました。そのことは、熱水の超臨界状態によって水深が一定に保たれるとのモデルと矛盾してしまいます。

地球上では海が持続的にあり続け、海水量が調整されてきたことは事実ですから、私たちが何かを見過ごしているか、それともまったく違うプロセスが働いているのかもしれません。地球上の海水量を維持するメカニズムが何であ

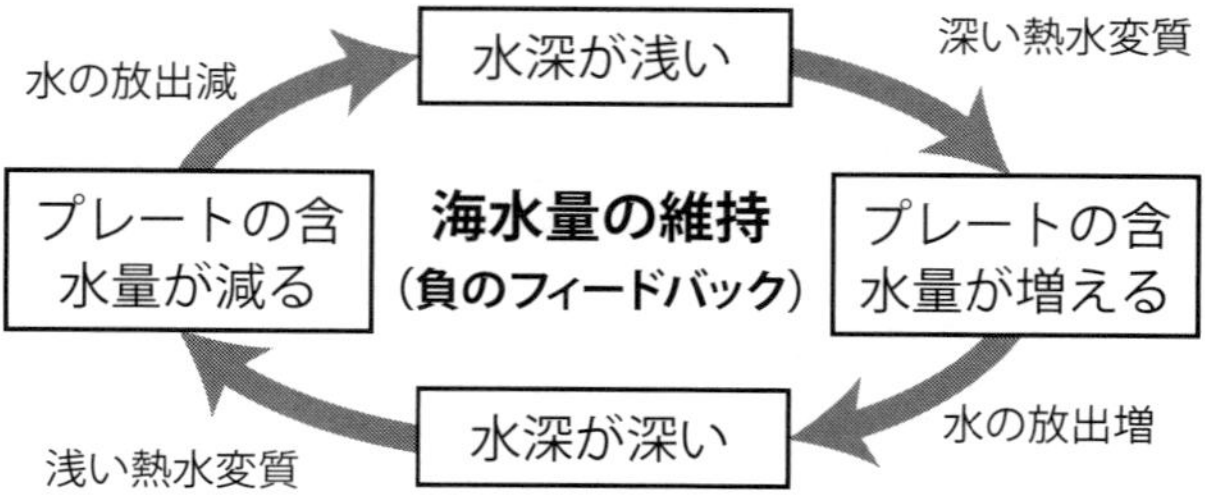

図5-9　中央海嶺での熱水循環の超臨界条件による海水量の調整メカニズム

るのか、水惑星を維持する大事な問題ですが、これもまだ決着のついていない課題です。

5-3 地球内部での水循環

少しずつ減っていく海水

地球史を通じて海を維持する働きをしてきた、地球内部で循環する水の流入量と流出量のバランスは、現在もうまくいっているのでしょうか。最新の研究では、どうもそのバランスが崩れ始め、海水が少しずつ地球内部へと吸収され始めている可能性が指摘されています。ここでは、地球内部での水循環を整理して、地球全体を通じた水の収支を考えてみます。

プレートの沈み込みによる地球内部への水輸送の主な担い手は、プレート上部にある海洋地殻です。中央海嶺での熱水変質によって、地殻内には多くの含水鉱物ができることを前に説明しました。オフィオライトや陸上に付加した海洋地殻の断片から、海洋地殻の２㎞くらいの深さまで激しい熱水変質の痕跡がみられ、海底での地球物理探査による地震波速度の低下がみられる深さとも調和的です。地殻上部に吸収された水は、海溝からプレートが沈み込むことによって地球内

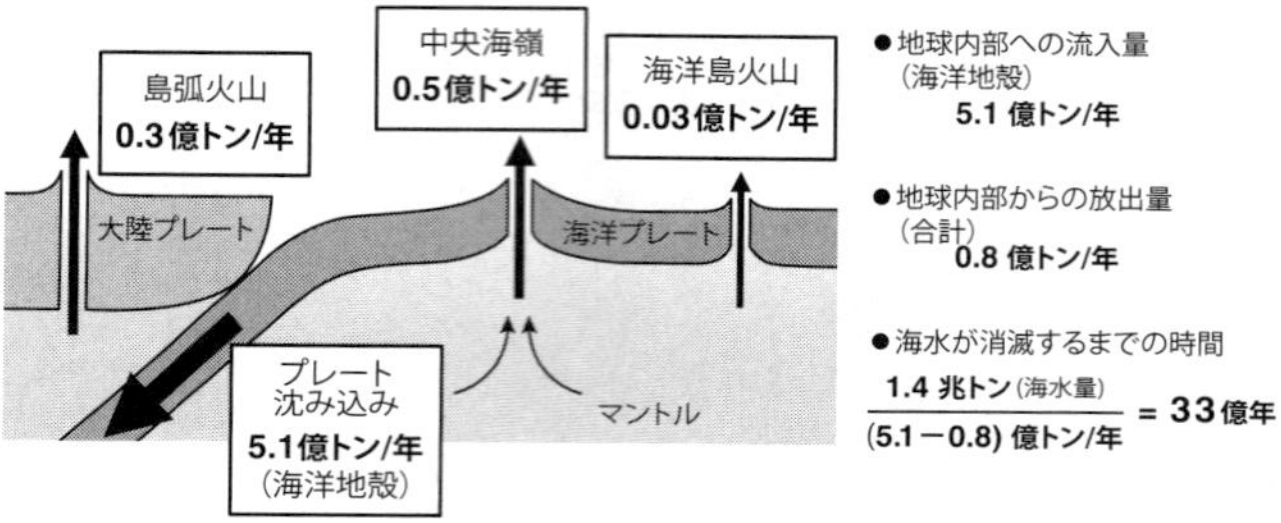

図5-10　地球内部での水収支（従来のモデル）

部へと運び去られていきます。

では、地球内部に運び込まれる水量を見積もってみましょう。中央海嶺での地殻生産量は、年間で合計６００億トンくらいになります。地殻上部の含水量が平均で３％くらいだとすると、その生産量をかけることで、地殻によって運ばれる水量の合計は年間５・１億トンとなります（図５－10）。海洋プレート上部にある堆積物にも水が含まれますが、その量は地殻に比べてかなり少ないのと、堆積物中の水は沈み込み帯の浅いところでほとんど絞り出されるため、地球内部への水輸送にはあまり影響しません。

一方、地球内部からの水の放出量はどうでしょうか。地球内部からは、火山活動によって水が放出されています。主な火山は、中央海嶺、ハワイなどの海洋島火山、そして日本のような沈み込み帯で起きる島弧火山です。マグマの生産量は中央海嶺が一番多いですが、マグマに含まれる水の量は少なくて０・１％ほどです。それに対し、沈み込み帯で発生する島弧火山のマグマには多くの水が含まれますが、マグマの生産量は中央海嶺に比べて一桁ほど少ないです。

火山による水の放出量は、中央海嶺で年間0・5億トン、島弧火山で年間0・3億トンとなります。マグマ生産量のさらに少ない海洋島火山による水の放出は、中央海嶺や島弧火山よりも一桁ほど低いです。これらを合わせると、地球内部からの水の放出の総量は、年間0・8億トン程度ということになります。

この見積もりでは、プレートによる地球内部への水の流入量（年間5・1億トン）が、火山による地球内部からの流出量（年間0・8億トン）より多いことになります。ということは、地球内部での水循環の収支のバランスは成立しておらず、現在は海水が減少傾向にあると考えられるのです。これは地球が冷たくなることで、海洋プレートがたくさんの水を取り込むようになったことが原因であると考えられます。ちなみに、現在の海水の総量を、水の流入量と流出量の差で割ると、約33億年後に海水はすべて地球内部へと吸収され、海がなくなってしまうことになります。

マントルに大量の海水が吸収される

これまで45億年にわたって地球の表面を覆ってきた海が33億年後には消失してしまう。これだけでも衝撃的な計算結果ですが、２００３年にさらにおどろくべき論文が『ネイチャー』に発表されました。ドイツの研究グループがニカラグア沖で海底の地震波探査を行った結果、マントルまで水が浸み込んでいるらしいというのです。これはつまり、従来考えられていたよりも、さらに多くの海水がプレートに取り込まれている可能性を示していました。４章でも説明した、海溝付近のアウターライズ断層にそった海水の浸入です。

これまでは海洋地殻が水輸送の担い手であったわけですが、マントルまで海水が浸み込んでいるのなら、地球内部への水の流入量はこれまでの見積もりよりさらに多くなると考えられるのです。すなわち、海が消滅する時期はもっと早まってしまうと考えられます。

その後、日本海溝をはじめ、マリアナ海溝やジャワ海溝、アリューシャン海溝など、アウターライズ断層が発達する世界各地の海底探査で同様の結果が得られました。海洋底に地震計を置くことでわかった新しい観測結果です。マントルまで水が取り込まれていることは、ほぼ間違いないと考えられるようになりました。

もしも、地球内部への流入量がこれまでの見積もりより10％多かった場合、29億年後に海は消滅してしまいますし、20％なら26億年後まで早まります。沈み込むプレートのマントルに、どのくらいの水が取り込まれているのか、その量が今後の海の存続の鍵をにぎっているのです。

マントル中の水の量を調べる一番直接的な方法は、海底下のマントルまで穴を掘って、岩石サンプルを手に入れることです。地球深部探査船「ちきゅう」はそのためにつくられた船ですが、現段階ではまだ達成されていません。そこで私たちは、海底の地震波速度から、どのくらいの量の水がマントルに取り込まれているかを調べることにしました。

わざわざオマーンや長崎に行ってマントルの岩石を採ってきたり、調査船に乗ってマリアナ海溝から岩石を拾い上げたりしたのはそのためです。持ち帰ってきたほとんどの岩石は、強い水質変成を受けて蛇紋岩になっていました。これらマントルの岩石は多くの水を含み、含水量は最大で13％ほどもありました。その水は、海底での海水の浸入によって、マントルに取り込まれた可能性があるのです。

地震波で岩石の含水量を測る

私たちは、調査で持ち帰ったマントル由来の蛇紋岩の地震波速度を、実験室で測ってみました。岩石の両端にセンサーをつけて、片側から送った信号が岩石を通過してもう片側に到着する、その時間差と試料の長さから速度が算出できます。その結果、変質を受けていない新鮮なマントルに比べ、蛇紋岩の速度は圧倒的に遅いことがわかりました。普通のマントルの地震波速度は8km／sなのに対し、蛇紋岩の速度は5・2km／sくらいです。マントルが水を取り込むと地震波速度が大きく低下するのです。そのことを利用すれば、穴を掘って岩石を採らなくても、地震波速度からマントル中の水の量がわかります。

海底地震計を駆使した最新の物理観測によると、アウターライズ断層沿いに海水が浸み込んでいる場所では、マントルの地震波速度が顕著に遅くなっていると報告されています。その観測値に、実験室で測った速度を当てはめると、マントルの最上部では20％くらいが蛇紋岩になっていることが推定されます（図5－11）。蛇紋岩は質量

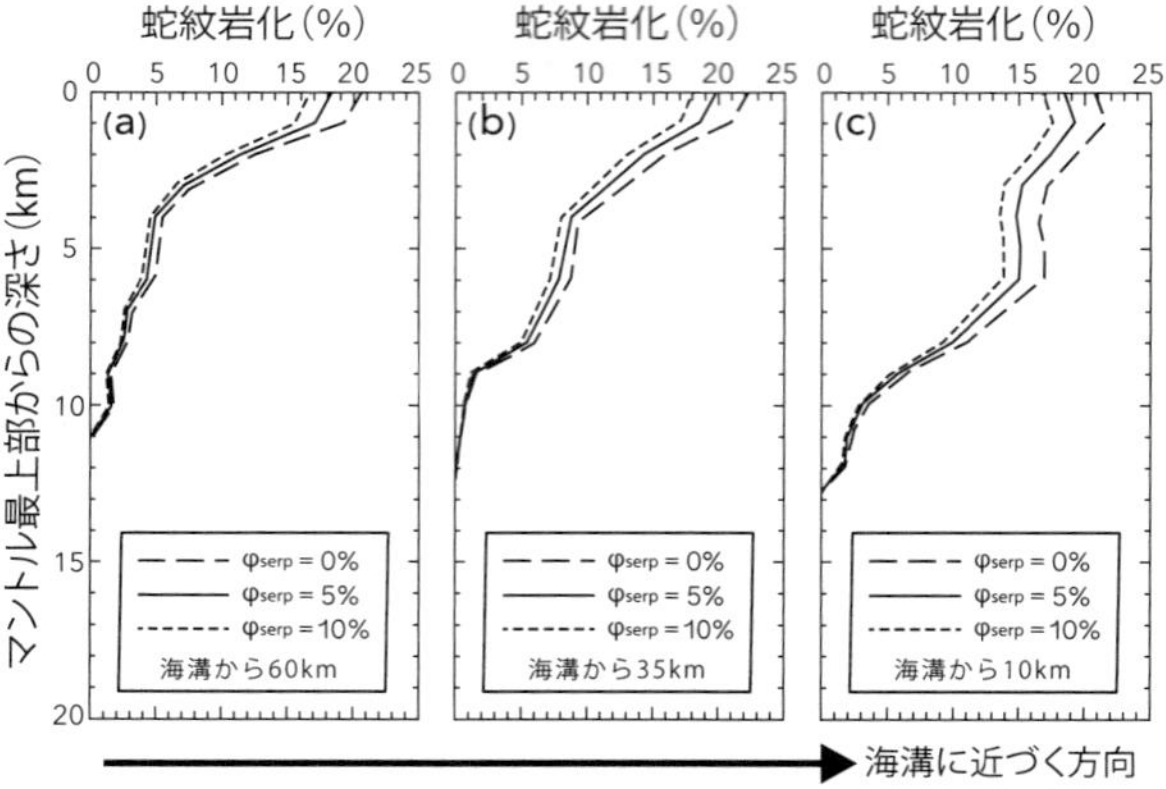

図5-11　地震波速度にもとづくマントルの蛇紋岩化（Hatakeyama and Katayama 2020）

にして13％の水を含むので、蛇紋岩化の割合が20％だと、マントルに3％ほどの水が取り込まれていることになります。海溝に近づくと、水と岩石の反応がさらに進行し、マントルの深いところまで含水化が進み、さらに多くの水がマントルに含まれていきます。

このプレート内部へ取り込まれた水は、沈み込んでも温度が上がらないため脱水分解することはありません。マントルへ吸収された水は、プレートの沈み込みによって地球深部へと運び去られていきます。マントルが海水を吸うことで、地球内部への水輸送はグッと増えているのです。従来の水循環モデルで予想されていた33億年後の海洋消滅は、もっと短くなってしまうと考えられます。

6億年で海が消滅する可能性

これまでの水循環モデルでは、地球内部への水の流入はプレート上部の海洋地殻が担っていると考えられてきました。ところが、マントルにも水が吸収されることで、海洋プレート全体によって地球内部へと運ばれる水の総量は、これまでの想定よりもはるかに多くなってしまいます。先ほども述べたように、10％増えていれば29億年、20％で26億年、もしも2倍の流入量なら、なんと海洋消滅は15億年まで短縮されることになります。

ニカラグア沖や日本海溝など世界各地の海底観測データをもとに計算してみると、マントルによる水の流入量は年間16・9億トンという衝撃的な値が得られました（図5－12）。これはつまり、海洋地殻によって運び込まれる水量よりも、3倍くらい多い水がマントルによって運ばれているということになります。それは、地球内部から火山によって放出される水量よりも圧倒的に多く、年間20億トン以上の海水が地球内部へと一方的に運び去られていることになります。そうすると、海が消滅する時間スケールもかなり短くなります。

私たちの計算によると、地球内部への水の流入量の増加は10％や20％どころではありませんでした。従来の想定のなんと5倍もの水が地球内部に取り込まれているという結果になったのです。これだと、6億年くらいで海がすべてなくなってしまう計算になります。

このモデルを発表すると、世界中からいろいろな反響がありました。私たちのモデルに同意してくれる研究者もいましたが、そんなはずはないだろうと否定的な意見も多くありました。例えば、マントルの地震波速度は、水が浸み込まなくても、ただ割れて断層ができるだけでも低下するという主張もありました。しかし、電気伝導度の上昇など、海水がマントルへ浸み込まないと説明できない観測結果もでてきました。地震波速度以外にも、電気伝導度や熱流量など、いろいろな観測結果はマントルが含水化していることを支持しています。

また、地球システムには、火山活動や中央海嶺の熱水活動のように、システムを安定化させる負のフィードバックが働くので、地球内部にたくさんの水が吸収されれば、そのぶん放出される水量も増えるだろうとも考えられます。しかし、私たちは現在の地球システムが大きな転換期を迎えているのだと考えています。これまでは、水循環の負のフィードバックによって、海水の量がほぼ一定に維持されてきました。ところが、地球内部の熱エネルギーは、放射性元素の崩壊によって、地球史を通じて減り続けています。地球内部の熱の減少は、負のフィードバックである火山活動の低下にもつながっていきます。そして、プレートは割れやすくなり、マントルまで海水が浸入する時代に突入したのです。

　いったんマントルにまで海水が浸み込むと、その水は簡単には分解されません。プレート内部で形成された含水鉱物は、沈み込んでも温度が低いため安定に存在することができ、水は地球内部へと一方的に吸収され続けます。マントルに海水が取り込まれることで、水循環は後戻りできない不可

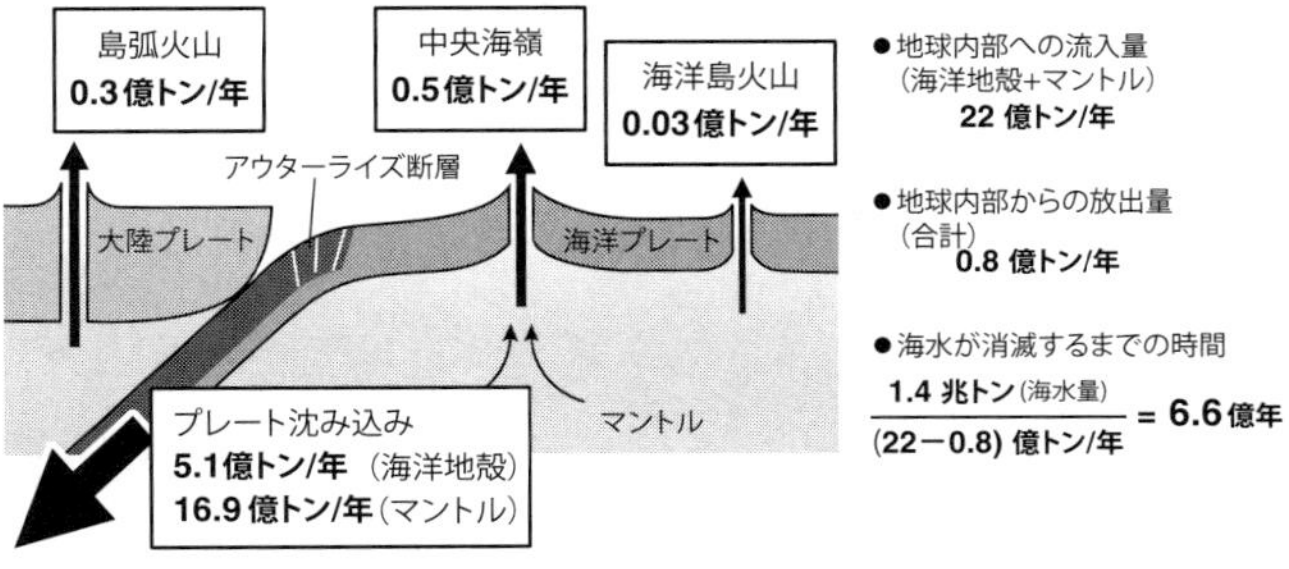

図5-12　地球内部での水収支（私たちのモデル）

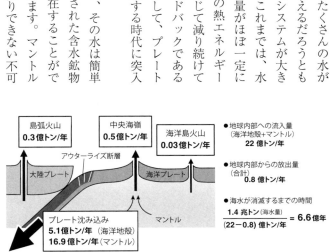

逆的なシステムに移行したのです。これは惑星内部の冷却という、どの惑星も経験する、地球も避けては通れない宿命ともいえるものなのです。

コラム5　「ちきゅう」によるマントル掘削

地球の中にどれくらいの水があるのか、プレートによってどの程度の水が運ばれているのか、直接的に調べることができる方法は、地中に穴を掘って調べることです。しかし、現代の技術をもってしても、これまで最も深く掘ったボーリング坑は、ロシアのコラ半島の12・2㎞で、地球の大きさからしたらほんのわずかです。また、海底掘削の最深の記録は、日本が所有する地球深部探査船「ちきゅう」によるもので、南海トラフで海底下3058ｍに達しました。そのため、それより深い地球内部を知るには、地震波などの物理探査を用いた間接的な方法か、オマーンのように陸上に押し上げられたオフィオライトやプレート境界に沿って上昇する変成岩など、過去の岩石を調べるほかないのです。

地球深部探査船「ちきゅう」は、もともと海底下の地殻とマントルの境界であるモホ面まで掘ることを目的に設計された掘削探査船です。大陸のモホ面は深さ30㎞付近にありますが、海底のモホ面は深さ7㎞付近にあるため、海のほうがマントルに近いのです。陸上でもまだ12・2㎞までしか掘れていないので、まだ誰もマントルまで到達していません。この前人未到の海底下のマントルまで掘削することが、「ちきゅう」に求められたタスクなのです。

「ちきゅう」にはライザー掘削といって、船上から特殊な泥水を流しながら掘り進める技術が備わっています。そのような特殊な装備をもつ掘削船は「ちきゅう」だけで、アメリカなどの海外の掘削船では、地殻・マントル境界のような海底下深部まで掘るのは難しいでしょう。

現在、日本を中心とした国際チームが「ちきゅう」によるマントルまでの掘削を計画しています。掘削地点の最有力候補は、ハワイ沖です。日本海溝のようなところでは、水深が深すぎて海底まで長いパイプが必要になりますし、中央海嶺に近いと、海底下の温度が高く、岩盤が柔らかいため、掘るのが難しいのです。しかし、予算的にはかなり大掛かりになるため、実現できるかは微妙なところです。

前人未到のプロジェクトである一方、マント

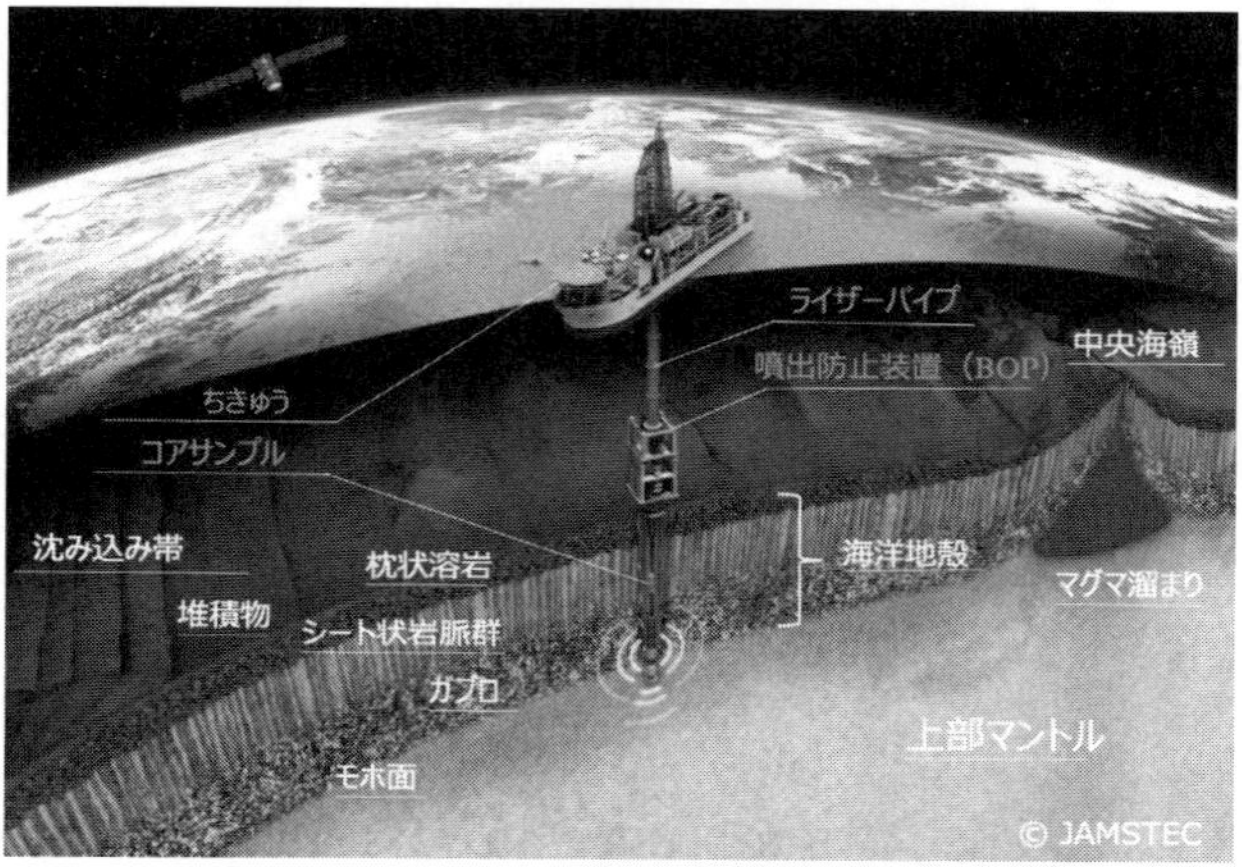

地球深部探査船「ちきゅう」によるマントル掘削計画 ©JAMSTEC

ルまで掘ったところで社会生活にすぐに役立つわけではないので、なかなか世の中の理解が得られにくい面があります。しかし、そういった世界初のチャレンジをするからこそ、予期せぬ新たな発見が生まれてくるのではないでしょうか。いつの日か、マントルにまで到達し、地球内部での水循環や地球の未来の姿について新たなページが開かれることを期待したいと思います。

第6章
地球の未来像

地球内部での水循環を含めて地球システムが大きな転換期を迎えるなか、地球表層の環境は今後どのように変化していくのでしょうか。最後の章では、数百年先から数億年先にかけて、様々な時間スケールの中でどのような地球環境変動が待ち受けているのか、地球の未来の姿を想像してみたいと思います。

6-1 地球システムのゆらぎ

地球温暖化による海の変化

地球はこれまで大きな変動を繰り返してきました。時には、地球全体が凍ってしまうスノーボールアースの時代もあったくらいです。これから先も表層環境が大きくゆらぎ、温暖化や寒冷化は何度も訪れることでしょう。一方で、現在私たちが直面している地球温暖化は、変化そのものもさることながら、その変化の速さが問題です。数万年スケールで起きていたことが、たかだか１００年くらいで一気に起こっているのです。そのため、地球自身が持っている自己調整機構は間に合いません。

地球温暖化によって、海水準はここ１００年で20㎝ほど上昇しました。最も深刻なシナリオでは、２１００年までにさらに１ｍほど上昇することが予想されています（図６－１）。海水準が１ｍ上昇すると、日本列島の平野部では海水による浸水や塩害が起き、ツバルなど南太平洋の海抜の低い島の水

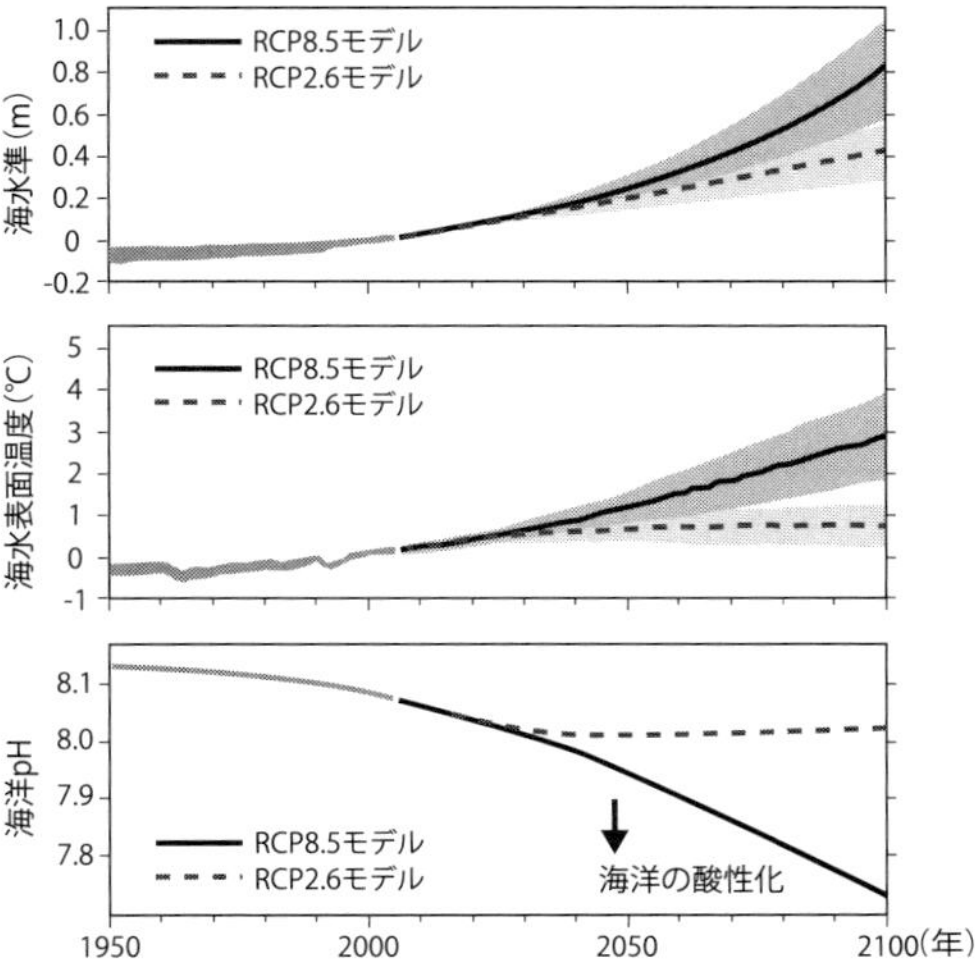

図6-1　IPCCによる海水準、海水表面温度、海洋pHの変動予測

RCP2.6は温室効果ガスの排出量を抑えたシナリオで21世紀末の放射強制力が2.6W/m^2、RCP8.5は最大排出量で21世紀末の放射強制力が8.5W/m^{2}を想定したモデル

没が危惧されます。一方で、温暖化対策を講じれば、その変化は半分以下に抑えられるとの報告もあります。私たちは地球にとってちっぽけな存在ですが、短い時間スケールでの環境変動は私たちの手にかかっています。

海水準の上昇に加え、グローバルな温暖化によって海水温も上昇しています。海洋の表面温度はここ100年で0・6℃ほど上昇し、2100年までにさらに3℃くらい上昇する可能性が指摘されています（図6－1）。海水の熱容量は大きいので、地球温暖化による熱の大部分は海に吸収されるのです。暖まった海洋の上層部は、軽くてその場に留まり、海洋全体が混ざりにくくなってきています。そうすると、深海の栄養分が海面付近に行き渡らず、プランクトンや魚、そしてそれらを捕食する大型の海洋生物にも影響が出始めます。

海面温度の上昇は、エルニーニョなどの異常気象の頻度や強さにも影響を及ぼします。2023年には、地球全体の海水温の上昇もあいまって、その強さが大きく長期間にわたるスーパーエルニーニョが発生しました。世界中で様々な異常気象が発生し、北米では猛暑が続き森林火災が発生し、日本では暖冬で雨が多くなりました。地球温暖化が続くと、これらは異常気象ではなくもはや当たり前となって、全球規模で気候が変わっていくのでしょう。

酸性化していく海

地球温暖化による海洋の酸性化も深刻です。大気中の二酸化炭素濃度が上昇すると、海水に多くの炭酸イオンが溶け込むため、海洋が酸性的になります（図6－1）。現在の海水は弱アルカリ性でpHは8・1程度ですが、産業革命以前と比べると0・1くらい低下しています。pHが0・1下がると、酸性度は約30％も強くなります。

海洋の酸性化は、炭酸カルシウムでできたサンゴや甲殻類の殻を溶かします。小さい頃にコーラを飲み過ぎると骨が溶けると脅されましたが、炭酸カルシウムは酸性の液体に溶けやすい性質があるのです。そのような酸性の水は石をも溶かします。秋吉台などのカルスト地形は、炭酸カルシウムからなる石灰岩が地下水に溶けてできた地形です。

海洋酸性化がますます進むと、炭酸カルシウムの殻をもつ甲殻類が大打撃を受け、それらを食べる魚類を含め、海の中での生態系は大きく変わってしまうことでしょう。アメリカ西部のワシントン州の養殖場では、牡蠣の幼生が大量死するという被害も発生しています。広島の名物である牡蠣が食べられるのも今のうちなのかもしれません。といっても食べ過ぎには要注意ですが（私にも苦い経験があります……）。

といっても、海水に溶け込む炭酸イオンの量には限りがあるので、酸性化がどんどん進むと、海洋が二酸化炭素を吸収する能力が低下します。海洋は炭素の大きなリザーバーで、これまで多くの二酸化炭素を吸収することで、地球温暖化を和らげてきました。しかし、そのキャパシティーにも限界があり、そこからあふれた二酸化炭素は行きどころを失います。そうすると、大気中の二酸化炭素濃度はますます上昇し、地球温暖化は加速してしまうのかもしれません。

氷期をむかえる地球

現在は温暖化の局面にあるとしても、もう少し長いスケールで眺めてみると、それが続くとはかぎりません。地球は氷期と間氷期を約10万年周期で繰り返し、現在は間氷期にあたることを前に説明しました。これは地球軌道の変動に起因するサイクルであるため、次の氷期は必ずやってきます。最終氷期は約7万年前にはじまって1万年前に終わっているので、数万年後には次の氷期をむかえることでしょう。

氷期に入ると、日射量の低下によって、大陸の氷床が拡大していきます。氷期の最盛期では、地球全体で10℃くらい気温が低下し、氷床の拡大にともなって、海水準は100mほど低下すると予想されます。そうすると、九州南端の鹿児島が現在の札幌くらいの気温となり、海水準は100mくらい低下するので、瀬戸内海もほとんど干上がり、対馬海峡は消滅し、日本と朝鮮半島は陸続きになります。北海道、樺太、ロシア沿海州もつながることでしょう。

また、氷期には気候の変動が激しくなることが想定されます。グリーンランドのアイスコアの酸素同位体比から、最終氷期のあいだには振れ幅の大きい気候変動が小刻みに起こっていたことがわかっており、ダンスガード・オシュガーサイクルと呼ばれています（図６－２）。

　これは海洋の深層循環と関係しています。氷床が崩壊して海に流れ出ると、海洋表層の塩分濃度が下がることで、深層循環が弱まると考えられるのです。２０２１年にノーベル物理学賞を受賞した真鍋淑郎は、コンピューター上で北大西洋に淡水をまく実験をして、海洋の深層循環が弱まることを再現しています。深層循環は海水と一緒に熱も運んでいるため、海洋の対流運動が弱まったり強まったりすることで、気候も大きく変動するのです。

　そのような気候の変動は短期間で急激に起こった可能性があります。図６－２をみても、ダンスガード・オシュガーサイクルはかなりギザギザしていて、短いスケールで温

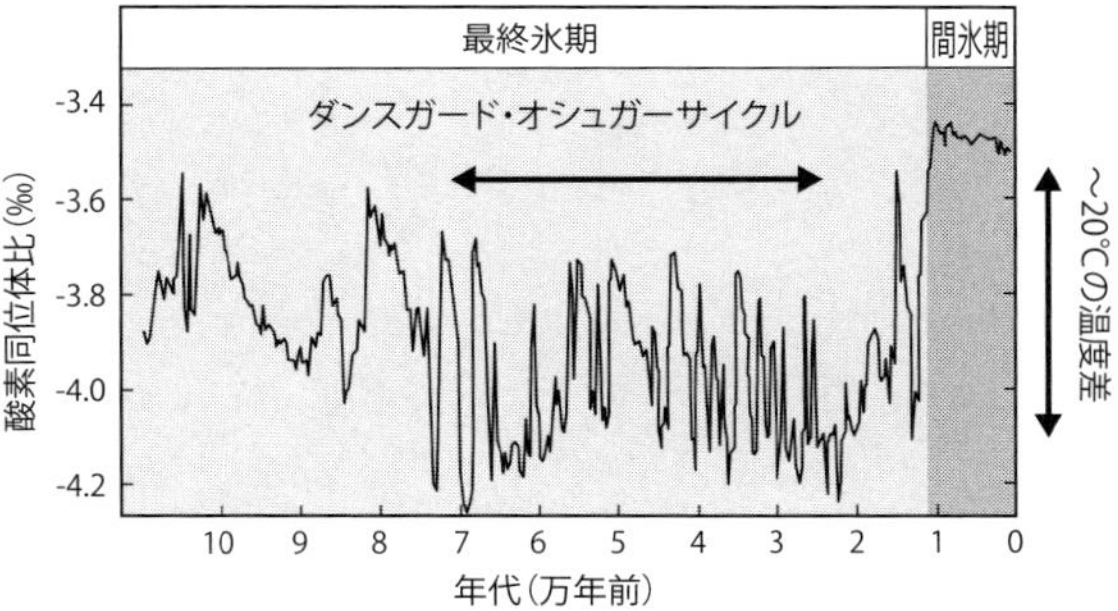

図6-2　グリーンランドのアイスコアの酸素同位体比変動（渡部2018にもとづく）

暖期から寒冷期に一気に移るような気候のジャンプを繰り返しています。氷期には、２つのモードが存在し、システムのなかの小さな擾乱《じょうらん》によって、両者を行ったり来たりすると考えられています。

現在の間氷期では、気候は比較的安定しているのに対し、氷期には急激な気候変動によって気温の変化が激しくなることが予想されます。人間はある程度は対応できるかもしれませんが、陸上の動植物はそのような急激な気候変化には対応できず、絶滅してしまうものも多く出てくることでしょう。

6-2 超長期的なシナリオ

増える大陸と減っていく海洋

ここからは、数万年よりもさらに長い地質学的な時間スケールでの地球の未来像を想像してみたいと思います。

現在の海と陸の割合はおよそ7対3になりますが、大陸は軽いために沈み込めず、地球史を通じて増え続けています。大陸の割合は、今後も増えていくことでしょう。そうすると、海水の器がどんどん小さくなって、海水の総量が一定のままなら、海水準は上昇することになります。数億年後に大陸の割合が1割増えて、海と陸の比が6対4になったとすると、海水準は600mくらい上昇すると予想されます。

海の水深が増すことで、海洋表層と深層との温度差は大きくなり、海洋の熱塩循環が促進されると考えられます。冷たい深層水の上昇により大気は効果的に冷やされ、地球表層では長期的な寒冷期が訪れるかもしれません。

また、大陸は移動するので、大陸同士の位置関係も変化します。約3億年前にあった超大陸パンゲアから分裂してできた現在の大陸は、次の超大陸の形成に向けて再び合体していきます。約2億5000万年後から4億年後には、パンゲア・ウルティマという新たな超大陸ができると予想されています（図6－3）。

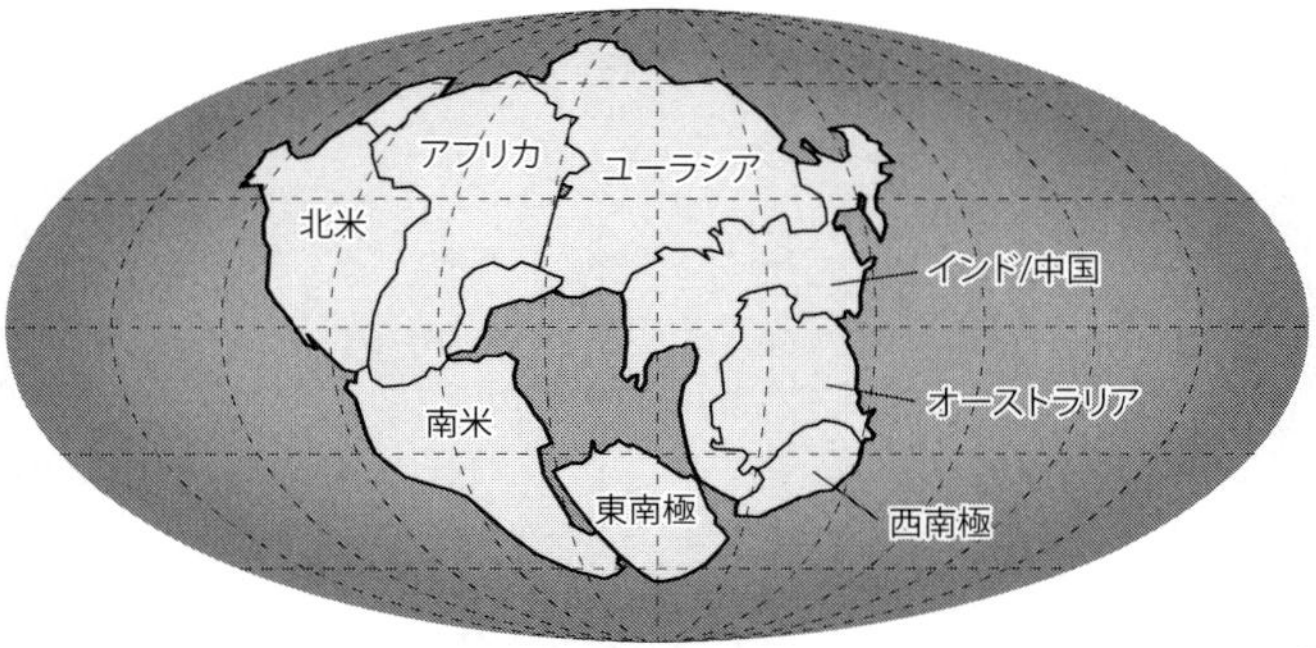

図6-3　パンゲア・ウルティマ超大陸（Davies et al. 2018から）

北米大陸や南米大陸の東海岸で新たな海溝ができ、大西洋の中央海嶺が沈み込み、北米大陸とユーラシア大陸、南米大陸とアフリカ大陸が次々と衝突して、大西洋が閉じていきます。日本はインドネシアなどと一緒にユーラシア大陸に吸収され、パンゲア・ウルティマ超大陸の東縁部に位置することが予想されています。

大陸が集まるタイミングでは、古くて冷たい海洋プレートが広く横たわるため、海底が沈降して水深が深くなります。大陸が増えることで海の面積は少なくなっていきますが、海底が沈降することで、海水の器の大きさは変わらず、海水準はあまり変化しないのかもしれません。あるいは、海水がプレートによって地球内部へ運び去られる一方なら、海水の総量は減り続け、海水準は下降の一途をたどる可能性もあります。

超大陸の内陸部では、海からの冷却効果を受けることができないため、日中の気温が上昇します。太陽活動が活発になっていくことで日射量が増えることも、気温の上昇をもたらします。最新のシミュレーションによると、パンゲア・ウルティマ超大陸の大部分では気温が40℃から50℃に達し、生物活動にとってはかなり過酷な環境になると予想されています。

内陸部では気温の上昇と乾燥により、多くの植物は生育できない環境となり、植物に依存している他の生き物を含めた食物連鎖が崩壊します。ほとんどの陸上生物の生息域は、海に面した大陸の周縁部に限られるでしょう。一方、海の中での環境変化は比較的穏やかで、生命にとって居心地のいい環境は水中でしばらく続くと考えられます。顕生代に入って海から陸上へと進出した生命は、再び海へと戻っていくのかもしれません。

いずれ訪れるドライアースの時代

地球の歴史を通じてほぼ一定の量に維持されてきた海水は、マントルまで海水が浸み込むことで、現在は少しずつ減りつつあることを紹介しました。このままの速度で海水が減り続けるなら、数億年後には約半分に減って海水準は2000mくらい低下し、約6億年後には海がすべて干上がってしまうことになります(図6-4)。海水が減っていく時代に突入した地球では、今後どのような環境変化が待ち受けているのでしょうか。

海水量が減っていくと、海水に溶け込むことのでき

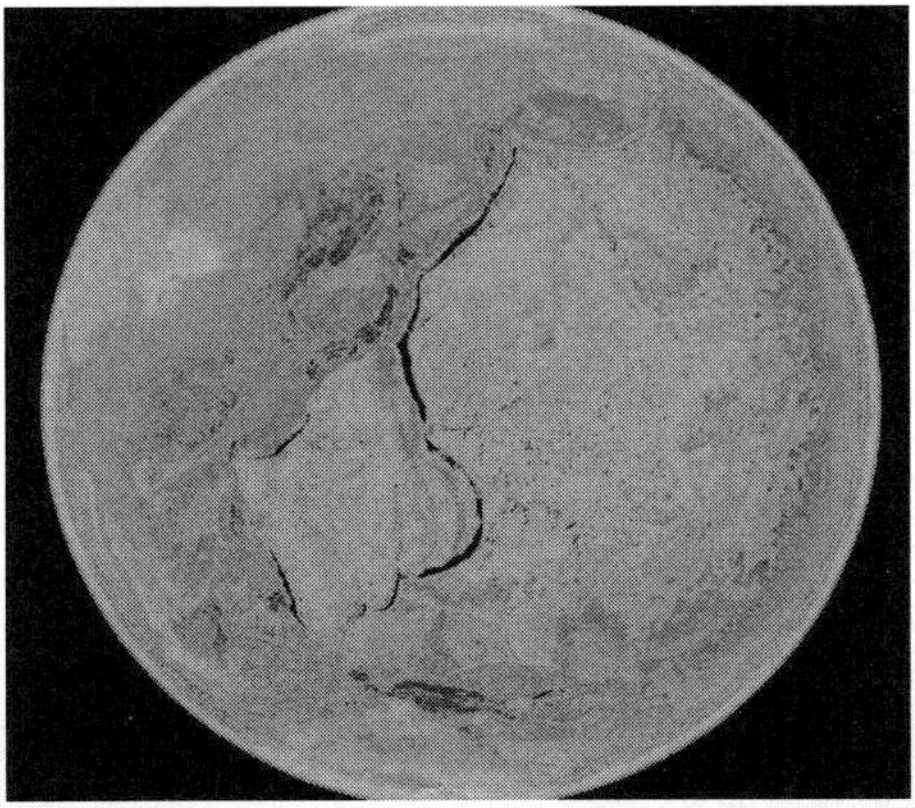

図6-4　未来のドライアース

る二酸化炭素の量が減っていきます。太陽活動の活発化によって地球が受け取る太陽放射エネルギーは増えていくわけですから、大気中の二酸化炭素を海で吸収できなければ、気温はどんどん上昇してしまいます。そうなると、もはや炭素循環による負のフィードバックは破綻し、暴走温室状態に陥ることもあるかもしれません。気温はさらに上昇し、それは海水の蒸発を加速させ、海がなくなる時期はもっと早まるのかもしれません。

海水が減っていくなかで、海水中の成分は濃縮していくと考えられます。中東にある死海では、地殻変動によって海が閉ざされ、蒸発によって水中の塩分濃度が30％を超えています。そこでは、魚をはじめとした多くの生物が生息できず、まさに死の海となっています。海水量が減ることによる海水組成の変化から、海の生物種もだいぶ減ってしまうことでしょう。その一方で、栄養塩が増えると藻類や古細菌などにとっては、むしろ好ましい環境になるともいえます。海はそのような生物にあふれ、プランクトンの大発生によって赤褐色やピンクなどカラフルな色の海が広がっているのかもしれません。

海が完全に干上がってしまうと、もはやプレートテクトニクスが機能しなくなります。水があるからこそプレートの強度が下がって、沈み込みを始めるのであり、海がなくなればプレートテクトニクスは止まってしまうのです。そうなると、地球全体を通した物質循環が途絶え、地球表層と地球内部での物質のやり取りがなくなります。それでも、地球内部にはまだ熱源が残っていて、火山活動は続くでしょうから、そこから水蒸気や二酸化炭素が細々と放出され続けます。しかし、それらが地球内部へ戻るというサイクルはもはやありません。

地球表層から液体の水がなくなると、地表の温度差は大きくなり、極端に暑い地域と寒い地域に分かれることでしょう。海のない月や火星では、赤道付近での昼夜の温度差は200℃以上にもなります。そのような水がなく温度差の激しい表層環境では、生物は生きてはいけません。光合成生物がいなくなることで、大気中の酸素は地表の岩石の酸化に消費されてなくなり、大気組成はもとの二酸化炭素を主体とするものに変わっていくことでしょう。

地球とともに歩んでいく道

地球史を通じてこれまでずっとあった海が、将来的にはなくなってしまう可能性があることを紹介してきました。6億年という数字は、単純な計算による推定で、複雑なプロセスが働く地球では、より短くなることも、より長くなることもあります。それでも、地球システムの転換による海の消滅は自然の摂理であって、地球そして宇宙の一部である私たちが変えることはできない宿命ともいえます。自然界に存在する物質にはすべて寿命があるように、それは地球も太陽も例外ではありません。

地球全体は一つの巨大な生命体として例えられることがあります。ジェームズ・ラブロックが提案した「ガイア」という考え方で、地球環境と生物が互いに影響を及ぼしあいながら、自己調整をして進化してきたというものです。生物がどこまで地球全体に影響を与えたかは分かりませんが、少なくとも地球全体を通した水や炭素の循環があるおかげで生命が存在し、その進化に地球表層の環境が応答してきたことは間違いありません。

ある意味、私たちは地球に生かされている、生かしてもらっているともいえますし、私たち自身が地球環境を左右しているともいえます。これまでゆっくりと進化してきた生命、そして地球は、人類の登場によって急激な変化を迎えています。地球温暖化によって引き起こされる変化は、気候だけにとどまらず、海洋の酸性化を含め地球システム全体に及びます。地球上のあらゆるものは、「水」を中心にお互い関係しあっているので、そのような急激な環境変化は私たち生命圏へも影響を及ぼしています。

これまで人類は駆け足で文明を築いてきました。そのおかげで、今日ではインターネットにつないで手軽にいろいろなことを知ることができますし、月にも足を運ぶことができました。その一方で、私たちにとって居心地のいい環境にすることが、長期的には地球にとって負荷をかけている面も出てきています。地球の宿命として海がなくなるまで約6億年と、まだまだ途方もなく長い時間が残されています。ここはもう少し長いスパンの視野をもって、人類、そしてすべての生命にとってかけがえのない海、そして地球を大切にすることで、できるだけ長いこと地球と共存していきたいものです。

おわりに

マリアナ海溝での航海から無事に戻って、現在は海底から採取した岩石の分析をしているところです。船に乗っているときは、あんなに陸地が恋しかったのに、今となっては船酔いのことも忘れ、次の航海が待ち遠しい日々です。

マリアナ海溝の深さ数千メートルを超える深海底から、ピンポイントで狙った岩石を採取することはかなり難しい作業です。そのため、ドレッジという、ブルドーザーの先についているブレードのようなもので海底を引っかいても、船に引き上げてみると空振りで、岩石試料が何も入っていないこともありました。しかし、そこは経験豊富なメンバーがいますので、期待していた岩石がごそっと取れ、それを仕分けするのに忙しい時もありました。船の上では、二交代の24時間体制で、貴重な航海中に何度もドレッジを海に沈め、海底からたくさんの岩石を採取することができました。

私たちは、その岩石試料を1㎝角くらいの立方体の形に整えて、船上に持ち込んだ実験装置で地震波速度や電気伝導度を測定しました。それらの特徴に基づいて海底物理探査のデータを解析することで、マリアナ海溝のプレートにどうやって水が浸入しているのか、どれくらいの水がプレートに吸収されているのかが分かるはずです。一緒に研究している大学院生のがんばりに期待しています。

みなさんは、本書を読まれて気づいたと思いますが、正直なところ、地球の内部のことや46億年の歴史のことは、まだまだ分からないことだらけです。教科書に書かれている内容が塗り替えられ、新たな発見やモデルが日々更新されているのが、地球惑星科学という学問分野です。地球や惑星で起きていることは複雑すぎて、物理や数学のようなエレガントな答えはなかなかありませんが、だからこそ未知の新発見がまだたくさん眠っています。もし、地球や宇宙、そしてその環境や生命に興味があったら、地球惑星科学という分野もぜひのぞいてみてください。みなさんの好奇心を刺激するのは間違いありません。

私はこれまで、岩石をつかって固体地球の構造や変形に関する研究をしてきました。ところが、岩石の、さらにそのなかに取り込まれた「水」に注目することで、固体地球とは関わりのないような生命や、それらが必要とした表層環境との関わりに軸足が移ってきました。まったく関係のなさそうな石ころと、水や生命が深く関わっていることを、みなさんはもうご存知だと思います。さらにこれからは、地球を飛び出して、地球外生命の探索にも密かにチャレンジしていきたいと考えています。たとえ地球から海がなくなったとしても、きっとどこかの星では海が存在し、地球とはまた異なる生命圏が広がっているのだと思います。

最後になりましたが、本書の企画を提案してくださった講談社の森定泉さんには、原稿の修正に何度もおつきあいいただきました。また、これまで一緒に研究してきた多くの仲間のみなさん、学生のみなさんのおかげで、楽しく研究を続けてこられました。これらの方々に、この場を借りてお礼申し上げます。そして時には、というよりいつも、厳しいコメントとともに応援してくれた家族にも、心より感謝しています。

2024年　残暑厳しい広島大学キャンパスより

片山郁夫

引用文献

阿部豊(2009)ハビタブルプラネットの起源と進化 第1回. 日本惑星科学会誌「遊・星・人」, 18(4), 194–215.
Damer, B., Deamer, D. (2020) The Hot Spring Hypothesis for an Origin of Life. Astrobiology, 20(4), 429–452.
Davies, H. S., Green, M., Duarte, J. C. (2018) Back to the future: Testing different scenarios for the next supercontinent gathering. Global and Planetary Change, 169,133–144.
Haq, B. U., Schutter, S.R. (2008) A Chronology of Paleozoic Sea-Level Changes. Science, 322(5898), 64–68.
Hatakeyama, K., Katayama, I. (2020) Pore fluid effects on elastic wave velocities of serpentinite and implications for estimates of serpentinization in oceanic lithosphere. Tectonophysics, 775, doi.org/10.1016/j.tecto.2019.228309.
園池公毅(2018)初期地球環境の変遷とシアノバクテリア. 生物工学, 96(11), 626–629
Peacock, S. M.(2001) Are the lower planes of double seismic zones caused by serpentine dehydration in subducting oceanic mantle? Geology, 29, 299–302.
Rino, S., Komiya, T., Windley, B.F., Katayama, I., Motoki, A.,(4) Hirata, T. (2004) Major episodic increases of continental crustal growth determined from zircon ages of river sands; implications for mantle overturns in the Early Precambrian. Physics of the Earth and Planetary Interiors, 146(1-2), 369–394.
Shinohara, M., Fukano, T., Kanazawa, T., Araki, E., Suyehiro, K., Mochizuki, M., et al. (2008) Upper mantle and crustal seismic structure beneath the Northwestern Pacific Basin using a seafloor borehole broadband seismometer and ocean bottom seismometers. Physics of the Chapter 7.3 Earth and Planetary Interiors, 170(1-2), 95–106.
Ueno Y. (2007) Stable carbon and sulfur isotope geochemistry of the ca. 3490 Ma Dresser Formation hydrothermal deposit, Pilbara Craton, Western Australia. Developments in Precambrian Geology, 15, doi.org/ 10.1016/S0166-2635(07)15073-8
Ueno, Y., Isozaki, Y., Yurimoto, H., Maruyama, S. (2001) Carbon Isotopic Signatures of Individual Archean Microfossils(?) from Western Australia. International Geology Review, 43(3), 196–212.

参考図書

阿部豊(2015)『生命の星の条件を探る』文藝春秋
稲垣史生(2023)『DEEP LIFE』講談社ブルーバックス
アルフレッド・ウエゲナー(竹内均 全訳・解説)(1990)『大陸と海洋の起源』講談社学術文庫
笠原順三, 鳥海光弘, 河村雄行編(2003)『地震発生と水』東京大学出版会
蒲生俊敬(1996)『海洋の科学—深海底から探る』NHKブックス
唐戸俊一郎(2017)『地球はなぜ「水の惑星」なのか』講談社ブルーバックス
木村学, 大木勇人(2013)『図解・プレートテクトニクス入門』講談社ブルーバックス
小林憲正(2016)『宇宙からみた生命史』ちくま新書
是永淳(2014)『絵でわかるプレートテクトニクス』講談社
高井研(2011)『生命はなぜ生まれたのか』幻冬舎新書
多田隆治(2013)『気候変動を理学する』みすず書房
田近英一(2011)『大気の進化46億年 O2とCO2』技術評論社
巽好幸(1995)『沈み込み帯のマグマ学』東京大学出版会
成田憲保(2020)『地球は特別な惑星か?』講談社ブルーバックス
廣瀬敬(2022)『地球の中身』講談社ブルーバックス
藤岡換太郎(2013)『海はどうしてできたのか』講談社ブルーバックス
丸山茂徳, 磯﨑行雄(1998)『生命と地球の歴史』岩波新書
横山祐典(2018)『地球46億年 気候大変動』講談社ブルーバックス
吉田晶樹(2014)『地球はどうしてできたのか』講談社ブルーバックス
渡部雅浩(2018)『絵でわかる地球温暖化』講談社

ら行

ま行

や行

な行

は行

た行

さ行

か行

索引

アルファベット

人名

あ行

N.D.C.450　215p　18cm

ブルーバックス　B-2276

水《みず》の惑《わく》星《せい》「地球《ちきゅう》」

46億年の大循環から地球をみる

2024年 11月20日　第 1 刷発行

著者　片山郁夫《かたやまいくお》

発行者　篠木和久

発行所　株式会社講談社

〒112-8001　東京都文京区音羽2-12-21

電話　出版　03-5395-3524

販売　03-5395-5817

業務　03-5395-3615

印刷所　(本文印刷) 株式会社新藤慶昌堂

(カバー表紙印刷) 信毎書籍印刷株式会社

製本所　株式会社国宝社

定価はカバーに表示してあります。

ISBN978－4－06－537559－4

発刊のことば

科学をあなたのポケットに

二十世紀最大の特色は、それが科学時代であるということです。科学は日に日に進歩を続け、止まるところを知りません。ひと昔前の夢物語もどんどん現実化しており、今やわれわれの生活のすべてが、科学によってゆり動かされているといっても過言ではないでしょう。

そのような背景を考えれば、学者や学生はもちろん、産業人も、セールスマンも、ジャーナリストも、家庭の主婦も、みんなが科学を知らなければ、時代の流れに逆らうことになるでしょう。

ブルーバックス発刊の意義と必然性はそこにあります。このシリーズは、読む人に科学的に物を考える習慣と、科学的に物を見る目を養っていただくことを最大の目標にしています。そのためには、単に原理や法則の解説に終始するのではなくて、政治や経済など、社会科学や人文科学にも関連させて、広い視野から問題を追究していきます。科学はむずかしいという先入観を改める表現と構成、それも類書にないブルーバックスの特色であると信じます。

一九六三年九月

野間省一

ブルーバックス　宇宙・天文関係書

ブルーバックス　生物学関係書（I）

ブルーバックス　生物学関係書（II）

ブルーバックス　趣味・実用関係書(II)

1696 ジェット・エンジンの仕組み　吉中 司
1707 「交渉力」を強くする　藤沢晃治
1725 魚の行動習性を利用する釣り入門　川村軍蔵
1773 「判断力」を強くする　藤沢晃治
1783 知識ゼロからのExcelビジネスデータ分析入門　住中光夫
1791 卒論執筆のためのWord活用術　田中幸夫
1793 論理が伝わる　世界標準の「書く技術」　倉島保美
1796 「魅せる声」のつくり方　篠原さなえ
1813 研究発表のためのスライドデザイン　宮野公樹
1817 東京鉄道遺産　小野田 滋
1847 論理が伝わる　世界標準の「プレゼン術」　倉島保美
1864 科学検定公式問題集　5・6級　竹内 薫＝監修　桑子 研／竹田淳一郎
1868 基準値のからくり　村上道夫／永井孝志　小野恭子／岸本充生
1877 山に登る前に読む本　能勢 博
1882 「ネイティブ発音」科学的上達法　藤田佳信
1895 「育つ土」を作る家庭菜園の科学　木嶋利男
1900 科学検定公式問題集　3・4級　竹内 薫＝監修　桑子 研／竹田淳一郎
1910 研究を深める5つの問い　宮野公樹
1914 論理が伝わる　世界標準の「議論の技術」　倉島保美
1915 理系のための英語最重要「キー動詞」43　原田豊太郎
1919 「説得力」を強くする　藤沢晃治

1926 SNSって面白いの?　草野真一
1934 世界で生きぬく理系のための英文メール術　吉形一樹
1938 門田先生の3Dプリンタ入門　門田和雄
1947 50ヵ国語習得法　新名美次
1948 すごい家電　西田宗千佳
1951 研究者としてうまくやっていくには　長谷川修司
1958 理系のための法律入門　第2版　井野邊 陽
1959 図解　燃料電池自動車のメカニズム　川辺謙一
1965 理系のための論理が伝わる文章術　成清弘和
1966 サッカー上達の科学　村松尚登
1967 世の中の真実がわかる「確率」入門　小林道正
1976 不妊治療を考えたら読む本　浅田義正　河合 蘭
1987 怖いくらい通じるカタカナ英語の法則　ネット対応版　池谷裕二
1999 カラー図解　Excel「超」効率化マニュアル　立山秀利
2005 ランニングをする前に読む本　田中宏暁
2020 「香り」の科学　平山令明
2038 城の科学　萩原さちこ
2042 日本人のための声がよくなる「舌力」のつくり方　篠原さなえ
2055 理系のための「実戦英語力」習得法　志村史夫
2056 新しい1キログラムの測り方　臼田 孝
2060 音律と音階の科学　新装版　小方 厚

ブルーバックス　地球科学関係書 (I)

1414 謎解き・海洋と大気の物理　保坂直紀
1510 新しい高校地学の教科書　杵島正洋／松本直記／左巻健男＝編著
1592 発展コラム式　中学理科の教科書　第2分野（生物・地球・宇宙）　石渡正志／滝川洋二＝編
1639 見えない巨大水脈　地下水の科学　日本地下水学会／井田徹治
1670 森が消えれば海も死ぬ　第2版　松永勝彦
1721 図解　気象学入門　古川武彦／大木勇人
1756 山はどうしてできるのか　藤岡換太郎
1804 海はどうしてできたのか　藤岡換太郎
1824 日本の深海　瀧澤美奈子
1834 図解　プレートテクトニクス入門　木村 学／大木勇人
1844 死なないやつら　長沼 毅
1861 発展コラム式　中学理科の教科書　改訂版　生物・地球・宇宙編　石渡正志／滝川洋二＝編
1865 地球進化　46億年の物語　ロバート・ヘイゼン／円城寺 守＝監訳／渡会圭子＝訳
1883 地球はどうしてできたのか　吉田晶樹
1885 川はどうしてできるのか　藤岡換太郎
1905 あっと驚く科学の数字　数から科学を読む研究会
1924 謎解き・津波と波浪の物理　保坂直紀
1925 地球を突き動かす超巨大火山　佐野貴司
1936 Q&A火山噴火127の疑問　日本火山学会＝編
1957 日本海　その深層で起こっていること　蒲生俊敬
1974 海の教科書　柏野祐二
1995 活断層地震はどこまで予測できるか　遠田晋次
2000 日本列島１００万年史　山崎晴雄／久保純子
2002 地学ノススメ　鎌田浩毅
2004 人類と気候の10万年史　中川 毅
2008 地球はなぜ「水の惑星」なのか　唐戸俊一郎
2015 三つの石で地球がわかる　藤岡換太郎
2021 海に沈んだ大陸の謎　佐野貴司
2067 フォッサマグナ　藤岡換太郎
2068 太平洋　その深層で起こっていること　蒲生俊敬
2074 地球46億年　気候大変動　横山祐典
2075 日本列島の下では何が起きているのか　中島淳一
2094 富士山噴火と南海トラフ　鎌田浩毅
2095 深海——極限の世界　藤倉克則・木村純一＝編著／海洋研究開発機構＝協力
2097 地球をめぐる不都合な物質　日本環境学会＝編著
2116 見えない絶景　深海底巨大地形　藤岡換太郎
2128 地球は特別な惑星か？　成田憲保
2132 地磁気逆転と「チバニアン」　菅沼悠介

ブルーバックス　地球科学関係書（II）

- 2134 大陸と海洋の起源　アルフレッド・ウェゲナー　竹内 均＝訳　鎌田浩毅＝解説
- 2148 温暖化で日本の海に何が起こるのか　山本智之
- 2180 インド洋　日本の気候を支配する謎の大海　蒲生俊敬
- 2181 図解・天気予報入門　古川武彦／大木勇人
- 2192 地球の中身　廣瀬　敬